老兵不死，他們只是悄然而去。

Old soldiers never die, they just fade away.

麥克亞瑟將軍（General Douglas MacArthur）在美國國會演說中引述軍中民謠，1951 年

老兵不死

香港華籍英兵

（1857-1997）

增訂版

老兵不死

增訂版

香港華籍英兵（1857-1997）

鄺智文 著

策劃編輯　梁偉基

責任編輯　鄭海檳　梁偉基

書籍設計　吳冠曼

書　　名　老兵不死：香港華籍英兵（1857-1997）增訂版

著　　者　鄺智文

出　　版　三聯書店（香港）有限公司

　　　　　香港北角英皇道四九九號北角工業大廈二十樓

香港發行　香港聯合書刊物流有限公司

　　　　　香港新界荃灣德士古道二二〇至二四八號十六樓

印　　刷　美雅印刷製本有限公司

　　　　　香港九龍觀塘榮業街六號四樓 A 室

版　　次　二〇一八年七月香港第一版第一次印刷

　　　　　二〇二三年十一月香港第一版第二次印刷

規　　格　十六開（168 mm × 230 mm）二六四面

國際書號　ISBN 978-962-04-4358-9

© 2018 三聯書店（香港）有限公司

Published & Printed in Hong Kong, China.

謹以此書獻予
所有參與保衛香港的華籍英兵

增訂版緣起

　　本書原屬由張瑞威博士、游子安博士主編的「細味香江系列」之一種，自 2014 年出版後受到讀者追捧，成為當年暢銷書。

　　是次再版，不是按初版重印或做少量修訂工作，而是採用增訂形式，補充一些內容，增加一些圖片，並以單行本出版，在開本大小上、設計風格上另闢蹊徑，帶給讀者全新感覺之餘，也讓他們翻閱起來更覺舒適。

　　為甚麼我們要增訂再版本書？誠如鄺智文博士在本書〈導論〉中強調：「詳細研究香港華籍英兵的經驗，不只是為了重新發現香港『本土軍人』的歷史，更是為了釐清香港常被遺忘的軍事歷史、補充香港歷史論述中偏重政治、經濟以及社會史的傾向，更可從華兵的角度重新審視英國殖民者與香港華人的關係，以及英人與華人對雙方不斷轉變的理解和想像。」

　　通過這群華籍英兵的經歷，讀者得以突破傳統史觀，從另一個角度瞭解殖民時代的香港歷史。這是本書價值所在，也是我們決定增訂再版之目的所在。

三聯書店 (香港) 有限公司

2018 年 7 月

葉漢明序

自從「由下而上」的「新社會史」視角對當代史學發展產生巨大影響力以來，歷史研究各領域無不受其衝擊。近年軍事史和戰爭史的變化，即為一例。以戰火下的平民大眾為題的史著大增；軍隊中的普通士兵成為新研究對象。在這方面，西方漢學界早着先機，猶記 Diana Lary 在 1980 年發表有關軍閥研究的評介文章中，提出 14 個發展方向，當中就包括對民國士兵這個新生社會階層的研究方案。她自己也身體力行，在五年後出版了 *Warlord Soldiers: Chinese Common Soldiers, 1911-1937* 這本被譽為首部聚焦於民國軍閥時期普通士兵的專著，它填補了當時在軍閥研究方面一個非常明顯的空白部份。不過，她筆下的軍閥時期是中國近代史上最黑暗的一段日子，軍閥的士兵既處於社會低下階層中的底層，也是暴力的工具，其主體性和經驗卻是模糊的。

今天在人民史範式的啟發下，普通人的主觀能動性和日常生活成了史家的關注重點。鄺智文博士這部名為《老兵不死：香港華籍英兵（1857-1997）》的著作所述範圍實已超乎戰場，包含了戰場內外和戰事前後的軍人生活，軍民互動，以及他們與殖民者的關係。作者以香港為本位，以香港華籍英兵（和歐亞混血士兵）為論述對象，刻意為這個被中、英兩國遺忘的香港本土士兵群體撰史，令這部既是人民史、也是軍事社會史的書別具一格。不知作者在稱華籍英兵為「殖民地軍人」時，是否也察覺到，這個課題也可充實後殖民研究？皆因研究對

象擁有具種族和階級等基礎的多重主體性和身份認同，對此作深層探討，當能刺激在後殖民理論層面上的論辯和反思。

是書當為鄺博士的香港軍事史專研項目之一，與去年出版的《孤獨前哨：太平洋戰爭中的香港戰役》（與蔡耀倫合著）體裁相近，深入淺出，饒具趣味，引人入勝，卻深具學術理念建構的潛力。《孤》書現已成 Best Seller，本書想亦如此。在發掘中文、英文、日文原始材料或解密檔案文獻，及口述史料和回憶記錄等方面，鄺書尤顯過人之處。作者又深諳影像資料對加強軍事和戰爭史著的感性效果的作用，書中選載了不少珍貴老照片。相信他即將由大學出版社出版的香港軍事史專著更能在範式上有所突破，令香港史在東亞區域史和世界史上應有的地位得以彰顯。我們也寄望他的博士論文修訂成書後能為民國軍事史帶來新論，而他的中國現代軍事科學的研究項目終獲豐碩成果。

鄺博士就讀香港中文大學歷史系時曾獲頒「曾瑞龍紀念獎學金」。瑞龍教授以天縱之資專研比較戰略文化、唐宋戰爭史、宋遼軍事關係史等，乃少數能活用理論工具如遊刃者。香港零三大劫竟奪去瑞龍，我系遭逢斷層重創，於今未復。今再讀其身後才出版的三部專著，依然神傷。可慰的是，他已後繼有人。願也以此序誌念瑞龍師弟。

葉漢明
香港中文大學歷史系
甲午暮春

今天，習歷史的人普遍相信萬事萬物，諸色人等都各有歷史，同樣值得歷史家以至普羅大眾留意和研究。事實上，歷史的主要內涵是人、事與物的發展和變遷，所以無論是社群、器物還是自然環境，今天有跡可尋的，自然有可讓我們發掘和細訴的故事。不過，歷史是由人寫成的。傳世的歷史，始終是少數人，基於學術、政治和其他理由寫成的。在浩瀚的歷史汪洋之中，每個的歷史愛好者都只撿拾一個於他或她有意義和興趣的問題作深入探究。所以任何的歷史著作，都只描劃出人類歷史的一小片段。歷史永遠沒有最後結論，也沒有終極的版本。

19 世紀之前，歷史學科還沒專業化。那時候，大學沒有歷史學系，也沒有專門的歷史教育和研究者，遑論研究中心、學會和刊物。寫歷史的，不少是告老還鄉的管治精英，解甲歸田的沙場老將，或者醉心文化的富戶子弟。他們的優越社會地位，見識視野和特殊經歷固然讓他們洞悉歷史中的重大事件和趨勢，但同樣使他們的目光局限於政治、軍事和外交等等少數課題。如果我們把這些精英階層寫的歷史稱為「上層觀點的歷史」（History from Above），那麼 19 世紀中葉以後興起，以人民廣大群眾及他們感興趣的事物為主題的，就配得上「下層觀點的歷史」（History from Below）這個稱號。中產和工人階級的興起與民主的發展，叫大家注目這些長久被忽視的人們和他們的生

活。教育的普及發展打破了上層對知識的壟斷，更多人懂得記載自己和身邊的事情，甚至寫成完整和專業的著作流傳於世。風氣既開，兒童、女性、老人，所謂少數民族的歷史都終於得到應有的重視。歷史變得更豐富，更立體和更完整。

鄺智文博士新著《老兵不死：香港華籍英兵（1857-1997）》是一個很好的示範。從來，軍事和戰爭史的焦點都在國家元首、將領、參謀、戰略、戰爭計劃、武器和後勤補給等等。人數最多，真槍實彈上陣，為國為民捐軀的士兵在大家的視線以外，何況是少數志願參軍的人士？他們也許默默無聞，但無論在戰爭還是和平期間，他們有着自身的經歷和貢獻。智文一書中的華籍英兵，服務香港近一個半世紀。他們最早是苦力，之後投身水兵和水雷砲兵等各兵種。臨近二次大戰，英國加強香港防衛，華籍英兵負起了更大的責任。在香港防衛戰期間，他們站在最前線，不幸的死於前線、屠殺和戰俘營，倖存的選擇退役或為戰後香港的治安努力。他們胸前的勳章不能充份表現他們的光榮和成就。智文利用中文、英文和日文檔案和文獻重構了他們的功業，填補了香港歷史裏空白已久的一章。

麥勁生
香港九龍塘
2014 年 4 月 16 日

　　自大英帝國的海軍於 1805 年 11 月在特拉法加一役中把西班牙和法國聯合艦隊打敗，皇家海軍成了海上新霸主，大英帝國的軍隊靠着海軍到處攻城奪地，成就了一時無兩的日不落帝國。

　　為了減輕兵員的壓力，英國軍方在殖民地都有招募當地人入伍的需要，由他們擔任洗衣、炊事、搬運等工作，第二次鴉片戰爭成軍的苦力兵團就是一個例子。由於當時社會普遍存在克扣人工和貪污等情況，相反地，英軍糧期準且足數，所以招募工作一般都沒有問題。那時入伍的所謂軍人一般都不參與作戰，因此軍方並沒有為他們提供軍事訓練，這個情況一直到第二次世界大戰初期都沒有多大變化。

　　自 1937 年七七事變後，日本全力入侵中國。英國軍方感到日本的威脅，要全面加強香港的防衛能力，特別是沿岸的砲兵陣地。無奈當時英國本土也面對着德國的巨大威脅，無法派出額外的軍人到香港。英國國防部要求香港的皇家工兵團和皇家砲兵團自行招募華人並提供全面的軍人訓練，工兵主要訓練華籍英兵在香港水域佈水雷和拆水雷，而砲兵則全面訓練華人操作各種火砲。華籍軍人充份證明他們勝任正式軍人的工作，在保衛香港之戰中他們堅守崗位，英勇作戰，不少人更獻出了寶貴的生命，戰後餘生者都獲發勳章。

抗日戰爭改變了英國軍方對華籍軍人的看法，1947 年國防部正式宣佈於 1948 年成立華人訓練隊（Chinese Training Unit），招募華籍軍人，向他們提供不同兵種的訓練，學成後調往不同的部隊。到了 1962 年，國防部更將華人訓練隊提升為香港軍事服務團（Hong Kong Military Service Corps），更多的兵種與官職也改為由華人擔任。

雖然香港華人服務英軍已有超過 150 年歷史，但是有關他們的故事卻是鳳毛麟角，鄺智文的新書正好填補了這空間。鄺博士在書中深入淺出地提供了不少華籍英兵鮮為人知的故事，有描述他們在砲火連天下的經歷，也有不少他們當太平兵時的趣聞。

英國軍方在撤出香港前成立了「本地招募人員基金」（Locally Enlisted Personnel Trust），以方便照顧生活出現問題的退伍軍人。在基金的努力推動下，四個華籍軍人協會於 1997 年 3 月 31 日合併成為香港退伍軍人聯會，曾參加過第二次世界大戰的老兵和在皇家海軍服役的華籍軍人都成了聯會的一員。

每次參加軍人的聚會，老兵們都好像有說不完的故事。我雖然當了 24 年兵，聽過不少有關陸軍的故事，但是聽海軍前輩們說故事還是聯會成立後。我一直都有一個意願，希望有人把這些歷史記下來，讓讀者對香港華籍英兵歷史有進一步的認識。當我知道鄺博士要為這段歷史執筆時真是喜出望外，並作出全力支持。

衷心祝賀本書之出版。

林秉惠

香港退伍軍人聯會主席

2014 年 2 月 4 日

自序

2013 年夏末，筆者與蔡耀倫老師完成有關 1941 香港戰役的《孤獨前哨》後不久，三聯書店的梁偉基師兄提議筆者再寫一本關於香港軍事歷史的書，並與筆者一起想到「華籍英兵」這個題材。

當時筆者只大概瞭解華籍英兵曾參與 1941 年香港戰役，並於戰後繼續服役至 1997 年。在梁師兄的提醒下，筆者嘗試從不同時期的華兵看香港的殖民地歷史，並因而發現華籍英兵在一百多年來對保衛香港作出的貢獻，以及他們多樣的經歷。其中不少情節更使筆者及老師們頗為吃驚，例如在 1944 年遠赴緬甸作戰的香港特種部隊「香港志願連」，身穿清裝的水雷砲兵，以及參與鴉片戰爭的苦力等。

本書得以完成，首先有賴梁師兄的提議和鼓勵，筆者特此致謝。此外，筆者亦希望鳴謝鼓勵作者完成本書的各位老師和前輩，特別是為本書作序的香港中文大學歷史系葉漢明教授和香港浸會大學歷史系麥勁生教授、周佳榮教授、李金強教授，香港教育大學呂大樂教授，樹仁大學張少強教授等。

此外，筆者亦要感謝一眾華籍英兵的協助與鼓勵，包括（排名不分先後）蔡炳堯先生、馮英祺先生、鄭文英先生、方華先生、曾松先生、湯生菲臘先生、梁永章先生、黃鑑泉先生、甄德輝先生、梁玉麟先生、陳益中先生、林秉惠先生、梁慶全先生、

邱偉基先生、程漢偉先生、江劍洪先生、區良熾先生、余振華先生、鍾利康先生、張志明先生、Danny Wong 先生、蔡照明先生、關志燊先生、馬冠華先生、盧畋冠先生、冼鼎光先生、劉勝華先生、陳韋文先生和 Ray Ma 先生等。在香港長期服役，並製作有關 1941 年香港戰役光碟《荒蕪島爭奪戰》（*Battle for a Barren Rock*）的李彪先生（Bill Lake）提供不少資料，作者無任銘感。此外，老兵林發的後代林光明先生及老兵姚少南的後代姚桂成先生亦為作者提供不少有關其父在第二次世界大戰期間及戰後的資料，補充了一段重要的歷史空白。老兵鄭治平先生和馮英祺先生不幸於 2013 年底和 2014 年初先後離世，筆者特此向兩位親身參與保衛香港的老兵致意。

除了各位海、陸、空軍老兵外，作者亦獲得不少香港歷史和香港軍事史專家的協助，特別是高添強先生、蔡耀倫先生、張進林先生、周家建先生和 Tony Banham 先生等。

筆者寫作本書時，依賴大量有關華籍英兵的檔案和照片，它們不但來自上述老兵及其後裔，亦來自香港和英國各檔案館及博物館。為此，筆者特別要鳴謝香港歷史檔案館許崇德主任、海防博物館的葉蘋小姐、英國國家檔案局 Chris Heather 先生、英國帝國戰爭博物館 Yvonne Oliver 小姐、英國倫敦大學亞非學院圖書館 Sujan Nandanwar 小姐、明愛倫敦學院的李中文小姐、Steven Shi 先生等。如無他們的幫助，本書將無法完成。

筆者學識有限，錯漏難免，望眾前輩與讀者指正。

鄺智文
2018 年 5 月

目錄

「永恆士兵」（Universal Soldier）在歷史上一直存在：他是掠奪、破壞以及死亡的不變化身。他手執火炬，但那不是照亮人類前路的明燈，因他只顧破壞和殺戮。他在大眾想像中不斷出現，其形象又因為人們恐懼戰爭而不斷繁殖。音樂與藝術把他塑造成永恆而面目模糊的殺手。就算治史者亦把他送上神壇，因他們只研究武器和戰術的轉變，而非其使用者……永恆的士兵看起來並無異致，是因為我們只能遠觀他們。由於時空的距離，我們不能聽其言，觀其行，亦不能由此發現他的個性（individuality），或參透他的想法。從遠方觀之，我們只能發現他們的血腥行動，而這些行動看來全都一樣。[1]

——連恩（John Lynn），《戰爭：戰鬥和文化的歷史》

（*Battle: A History of Combat and Culture*），2003 年

帝國夾縫中的軍人：香港歷史中的華籍英兵

軍人常被人簡化為一個「永恆而面目模糊」的群體。正如基謹（John Keegan）在 1980 年代寫道，大部份有關戰爭的歷史著述都是有關戰役的敘事（narrative），焦點是身在高位的決策者和影響深遠的事件，士兵只是沙盤中的棋子。[2]美國陸軍軍官馬歇爾（Samuel

Marshall）在 1947 年對第二次世界大戰中德軍和美軍士兵的戰鬥行為進行研究，雖然其目的只為增強美軍的戰鬥力，但在史學上卻開啟了有關士兵心理、行為、生活以及想法等一系列研究。[3] 近年，研究士兵在戰場內外的生活，以及軍人與社會的互動，成為軍事史研究的一個重要領域「戰爭與社會」（War and Society）的顯著部份。本書即嘗試以曾經在英軍服役的香港華人和混血兒士兵（通稱華籍英兵）為中心，不再視他們為面目模糊的「永恆士兵」，而是探索他們的生活、遭遇，以及他們與殖民地政府的關係，以重構他們的歷史面貌，補充香港殖民地時期的歷史論述。在這個層面而言，本書是包含社會史內容的軍事史，亦可算是「從下而上的軍事史」。

何謂「華籍」英兵？「華人」、「華裔」、「華籍」、「華僑」等概念在歷史上均不斷轉變。英人徵募華兵時雖然曾經嘗試分辨客家（Hakka）、本地（Punti）等不同族群，但通常均以「華人」（Chinese）和「歐亞混血兒」（Eurasians）稱之，其中文則統稱華兵為「華籍英兵」（「亞裔士兵」Asiatics 則專指印度士兵）。英軍雖然把來自不同背景的華兵均視為「華人」或「歐亞混血兒」，但他們大多擁有不同層次的身份認同，例如籍貫、宗族、族群等。中國人以血統和種族想像「中華民族」，是 19 世紀末期反清運動以及西方社會達爾文主義盛行時出現的產物，而且初時大多限於知識階層。[4] 本書雖以「華兵」、「華籍英兵」以及「歐亞混血兒」稱呼香港華籍英兵，但並不代表這些不同時代、背景的士兵全都擁有一個共同的「華人」、「中國人」、或「香港人」身份。他們最顯著的共同身份，反而是他們都曾於 19 世紀中期至 20 世紀末期之間，在英國的海、陸、空三軍服役或擔任輔助人員。亦有意見認為不應以「華籍英兵」統稱這些軍人，並提出國籍、部隊，以及服役性質（正規或義勇軍）等分別。本書使用「華籍英兵」一詞主要意指其「華裔／籍」的族群身份（而

且理解華人的多樣性），並非就其法理或國籍地位而言。因此，稱他們為華人英兵其實亦無不妥。

華籍英兵是「殖民地軍人」（Colonial Soldier）的一種。「殖民地軍人」（或曰「帝國軍人」，Imperial Soldier）意指那些來自被統治族群中，為外來統治者效力的軍人。「殖民地軍人」在人類的歷史中長期存在，直至 20 世紀殖民地獨立運動後才不再常見。在歷史上，不同時期及規模的帝國均會使用被其控制的族群為它們作戰。古羅馬帝國的「輔助部隊」（Auxilia）中，大部份成員均非羅馬公民。羅馬的對手如迦太基、波斯帝國等，均使用了大量不同族裔的士兵或傭兵。俄羅斯帝國在 17 世紀擴張至中亞和遠東地區時，亦主要依賴哥薩克人（Cossacks）。蘇格蘭人自 1707 年該國與英國結成聯合王國（United Kingdom）後，即於後者的軍隊中服務至今。明朝在越南和雲南等地的統治中，亦有使用外籍士兵的紀錄。[5] 清代的蒙古八旗以及漢人八旗，亦可以算是帝國軍人的一種。

香港華籍英兵在 19 世紀中後期出現，這個時期是人類歷史上一個「嶄新」（strikingly new，霍布斯邦 Eric Hobsbawm 所言）的時代。在 1860 至 1915 年間，世界上最大的六個殖民帝國瓜分了超過全球 25% 的土地面積，尚未加上它們此前擁有的殖民地。[6] 英國、法國、俄羅斯、德國、美國、日本、意大利、比利時、荷蘭等工業化國家擁有先進的軍事、交通及通訊科技，在海外獲得大幅領土。其中，英、法兩國所得土地更分別達 400 萬和 350 萬平方公里之譜。甚至一直被視為帝國主義受害者的滿清，亦先於 18 世紀中期征服了新疆地區，然後於 1875 至 1884 年間再次佔領新疆。正如何偉亞（James Hevia）所言，這個時期的擴張之所以被統稱為「新帝國主義」（New Imperialism），除了因為參與者大多為 19 世紀成型的民族國家外，亦因為這個時期的擴張「哺育出一種新的文化，它的基礎是一系列

『科學的』理念：白人種族優越、有關民族和文明發展的新理論以及傳播文明的使命等」。[7]

　　討論所謂「西方」在中國的帝國主義時，以往的論者多數圍繞「西力東漸」或「中國中心論」兩個框架，前者着重帝國主義對中國的破壞或建設，後者則着重中國本土的因素如何影響其自身的歷史進程。[8] 可是，在這些討論中，論者有時把「中國」和「西方」這兩個概念置於對立的關係。所謂「西方」往往被「實體化」（reified，或曰「自然化」），只餘下「侵略者」或「建設者」的俗套形象，並被置於歷史的背景之中，任由治史者追究或褒揚，中國的近代史亦被書寫成由被迫簽訂到廢除「不平等條約」的線性（linear）歷程。[9] 在這個看來自然而不可逆轉的歷程中，不但各帝國主義國家在策略上的不同均被忽略，就連生活在帝國邊緣的被統治者亦被簡單地歸類為帝國主義的「受害者」，和因着「民族覺醒」（實際上可以有各種不同理由）而抵抗殖民主義的「反抗者」，以及在民族主義歷史論述中難以容納的「合作者」（collaborators）。這些籠統而且受限於民族主義的歸類，不但限制了我們對過去殖民地歷史的理解，更可能遮蔽了部份在殖民地時代曾經出現的群體。

　　正如何偉亞提出，討論這段歷史時，不但要避免把「西方」看成為一個整體，而且亦要避免把帝國主義與中國的互動看成「孤立主義的中國與自由貿易的西方」的衝突，甚或單純是「傳統與現代」的衝突。他認為應該把各大帝國或地區強權，諸如清帝國（及其後的中華民國）、英帝國以及俄羅斯帝國等看成「相互競爭的國家組織、政治共同體或群體力量」，而且殖民地人民本身亦曾經在「殖民過程中起過積極作用」。[10]「積極作用」並不單純等於加速或抵抗殖民擴張，而是強調這些群體的能動性。例如，在 19 世紀末至 20 世紀上半葉，有大量華人因交通發達，或因中國國內混亂而離開中國，前往

世界各地（包括各殖民帝國的屬地）生活，甚至加入居住地的軍隊。例如，在美國內戰（1861-1865）期間，交戰雙方均有使用華人士兵，不過人數很少。[11] 加拿大第二代華僑羅景鎏（William Lore）的例子，說明了當時部份華僑的經歷不能被簡單地歸類。羅氏 1909 年在加拿大出生，1943 年加入加拿大皇家海軍，可算是第一個在英國和英聯邦海軍中擔任正規軍官的華人。1945 年，他作為夏慤海軍少將的情報官隨英軍來港，協助營救英聯邦軍戰俘，最後官至海軍中校。他退役後，在牛津大學獲得法律學位，於香港執業。[12] 從這個思路重看中國和香港的近代史，並不是為了歌頌殖民主義和帝國主義，或抹去其不公的一面，而是要重新發現被民族主義史觀忽略的各色群體。

本書所謂的「殖民地軍人」，就是屬於難以歸類為以上「受害者」、「反抗者」與「合作者」的群體。在「新帝國主義」時期，各殖民帝國均有大量使用「殖民地軍人」，並依賴本地人的合作以維繫殖民政府。[13] 殖民者初次入侵某地時，通常使用本國的部隊，但他們卻經常因為未能適應當地氣候和水土而大量減員。第一個駐港英軍司令德忌笠少將（George D'Aguilar）在 1840 年代初期直言：「要守住香港，將會每三年損失一整個團；如守軍需要 700 名可執勤官兵，則要派遣 1,400 人。」[14] 因此，徵用未必可靠的當地人參軍，有時是迫不得已的選擇。由於各殖民帝國幅員遼闊，需要大量士兵守備，徵用當地居民可以節省軍事開支，使殖民地不會成為母國的財政負擔，甚至當本國出現危險時，反可提供人力。[15] 例如，在 19 世紀末於法屬非洲維持一名非洲士兵，花費只是維持一名法籍海軍陸戰隊員的三分之一，更可將之調往海外作戰。[16] 因此，儘管白人的種族優越感在這個時期一直存在，但各個以白人統治者為主的殖民帝國仍徵募了大量有色人種為士兵。

在 20 世紀中期以前，殖民地軍人可說是無處不在。左宗棠在

羅景鎏陪同夏愨海軍少將巡視荃灣，1946 年（高添強先生提供）

1870 年代為清廷征伐新疆期間，他屬下的部隊大部份為漢人，而非處於統治地位的滿族。[17] 在第二次世界大戰結束前的一段長時間中，英國陸軍有大量人員來自印度次大陸。單是英屬東非，已有約 323,000 名黑人士兵加入英軍各部。[18] 現時，倫敦舊國防部大樓外，即有一個紀念啹喀兵的銅像（Monument to the Gurkha Soldier）。[19] 法國在第一次世界大戰中亦大量徵用了來自越南和北非的士兵。在法國海岸城市馬賽，亦有一個獻給「來自東方和遠方的英雄」（Aux Héros de l'Orient et des terres lointaines）的紀念碑。[20] 美國在 1898 至 1946 年統治菲律賓期間，曾於當地成立由菲律賓人組成的本土部隊「菲律賓偵察兵」（Philippine Scouts）。[21] 荷蘭亦曾於 19 至 20 世紀期間徵用大量印尼士兵，並組織以不同族裔為中心的部隊。[22] 德

國在一次大戰時亦在非洲使用大量黑人士兵（Askari），對抗同樣以黑人士兵為主的英國和法國殖民地軍。[23] 自 20 世紀初成為殖民帝國的日本在 1937 至 1945 年間共徵召了 360,000 名朝鮮人成為士兵或勞工，亦依賴滿蒙的「滿洲國軍」、「蒙古國軍」及中國各地的「偽軍」，並於第二次世界大戰末期在台灣徵召主要由原住民組成的「高砂義勇隊」。[24] 部份這些台灣士兵在二二八事件期間，參加了反抗國民政府的行動；並不是因為他們忠於日本而反抗國民政府的統治，而是他們深受殖民地時期日本對軍人形象的描述所影響。[25]

這些為宗主國服務的士兵（或軍事勞工）有時會處於「兩面不討好」的處境：他們既不能為國人接受，其宗主國亦選擇遺忘他們。例如，在第二次世界大戰期間，有近兩萬名來自法屬印度支那的工人（被稱為「工兵」，Cong Binh）在 1939 年 9 月歐洲開戰後被徵召前往法國的兵工廠工作，他們或受僱用、或被誘騙、甚或被人強行徵召。抵步後不久，法國即已投降，他們被迫流落異鄉，在當地自力更生。當時，胡志明等越共領袖向他們招手，迎接他們回越參加革命，但他們回國後卻因為他們曾經留法而遭到越共迫害。至 2010 年代，他們的故事才被法國記者杜林（Pierre Daum）發現，然後被越南導演林禮（Lam Lê）拍攝成紀錄片《消失的工兵》（Cong Binh）。[26] 第二次世界大戰期間的韓籍日本士兵至今仍是敏感的議題。[27]

在紜紜眾多使用殖民地士兵的國家之中，要數英國使用得最為廣泛，亦最為成功。英國最早的殖民地士兵可追溯至 18 世紀英國東印度公司的印度僱傭兵（Sepoys）。在 19 世紀初，東印度公司擁有近 100,000 名印度僱傭兵，在 1840 年代更再次倍增。[28] 其後，英國在印度、美洲和加勒比海、非洲、大洋洲以及中國等地均徵募了當地人協助防衛和作戰。英國使用殖民地士兵成功的原因，除了因為英帝國幅員廣闊，行政相對有效率，加上其陸軍人數不足，更因為

其所謂「勇武民族」（Martial Race）在概念和實際上的建構。正如哈奇（Karl Hack）和雷丁（Tobias Rettig）所云：「英國人可說是塑造『勇武民族』的大師。他們利用地方傳統、階級和集體記憶以培養軍事素養與榮譽感……法國人對此不但甚感興趣，甚至不無妒忌。」[29] 正如霍布斯邦在《被發明的傳統》中指出，不少看來歷史悠久的傳統都是新近的創造。[30] 在 19 至 20 世紀期間，英國的軍隊由大量「勇武民族」組成，例如蘇格蘭人、錫克人（Sikhs）、馬拉塔人（Marathas）、喀喀人等。他們不但有自己的團隊，更有完整的制服、圖章、旗號及團隊歷史。不少這些器物均與該族群的傳統有關（例如蘇格蘭部隊的蘇格蘭裙 kilt、印軍的頭巾 turban、香港部隊的龍），而且團隊的歷史記述均鉅細無遺地記載部隊的征戰歷史，以確保該部隊以至整個族群的軍事傳承。這些軍事傳統亦有意無意地強化了個別族群的身份認同，並塑造了它們與英國和其他被統治族群的關係。

在殖民地獨立運動期間，不少英國殖民地軍隊過渡成為前殖民地的「國軍」，以往服役於宗主國軍隊的殖民地軍人亦成為這些新軍隊的領袖。例如，印度獨立後首名印度裔的陸軍總參謀長，是前英印陸軍（British Indian Army）准將賈里阿帕（Kodandera Cariappa）。[31] 馬來西亞獨立後的首任國防部部長阿都拉薩（Abdul Razak bin Hussein）亦曾於二次大戰期間協助英軍抗日。[32] 部份殖民地部隊更成為新國家的政治圖騰。例如，在日軍進攻新加坡期間奮力抵抗的馬來亞團（Malaya Regiment）連長薩伊迪少尉（Adnan bin Saidi）同時成為馬來西亞與新加坡的戰爭英雄，前者固然取其馬來血統，後者則以其事蹟表現屬於新加坡主要族群的馬來人、華人及印度人對保衛這個城邦的貢獻。[33]

英國在 1841 年佔領香港島，並於 1842 年透過迫使清政府簽訂《南京條約》，建立香港殖民地。在英治時期，身在香港的歐籍居民

始終佔香港人口的少數。至 1941 年，在香港約 1,600,000 人口中，只有 7,982 名英裔、7,379 名印裔以及 2,922 名葡裔居民。[34] 戰後，華人仍佔絕大多數，人口比例甚至因為大陸難民湧入而變得更為極端。因此，殖民政府需要依賴本地華人以協助統治。例如，香港警隊於 1844 年成立之初，已經有華人服役。[35] 1880 年，有意提高華人地位的港督軒尼詩（John Pope Hennessey）委任華人伍廷芳為定例局（後稱立法局）的非官守議員。伍氏在香港與英國接受教育，是第一個獲得英國執業大律師資格的華人。其後，定例局一直有華人代表。在 1926 年，為方便管理新界，港府允許新界鄉民成立組織，並委以「鄉議局」之名。當時的港督金文泰（Cecil Clementi）懂得粵語，政府的官學生（Officer Cadet）亦要學習粵語，方便與華人下屬和居民溝通。在 1930 年代，港督郝德傑（Andrew Caldecott）推行初級公務員本地化政策，增加本地公務員的數量。華籍英兵亦是「尋求華人協助維持英國管治」思路下的產物。

英人在港立足一百多年，在 1880 年代徵用少量華人為正規士兵，然後在 1936 至 1941 年香港形勢惡化時徵募更多華人參軍，並於戰後大量徵募華人保衛香港。在英軍徵募華兵初期，他們嘗試在華人中間找出「勇武民族」，例如客家人，但來自不同族群的華人（本地人、海外華僑、客家人、歐亞混血兒等）均於不同時期加入了英軍。英國未有大規模徵募華兵作戰，更多是因為始終擔心華兵在中英戰爭時的向背，而非單純出於種族偏見。二戰後，白人至上的世界觀被推翻，加上英國內部的社會變革，使華籍英兵逐漸獲得平等的待遇，部份華兵亦因此得以爬上更高的階級和社會地位。在當時英國軍人的論述中，華人雖非「勇武民族」，卻以紀律嚴明、刻苦耐勞、沉着冷靜及忠誠可靠見稱。與其他有關「勇武民族」的論述一樣，這個形象建構的過程並非單純地由上而下形成，華兵本身在此亦擔任了重要角色。觀乎華兵在 1941 年香港戰

役和第二次世界大戰期間所表現的忠誠和耐性,以及戰後對駐港英軍的默默貢獻,上述形象並非純屬虛構。本書一方面是華人在英軍服役的歷史,另一方面亦可看出在不同時代部份英人對華人的看法。

這群「帝國軍人」少有受到注意,早期的華兵大多沒有留下自己的聲音,只能透過英人的紀錄觀察。殖民地時期香港華人的主體性往往被「殖民地史學」(Colonial historiography)與「愛國主義史學」(Patriotic historiography)所遮蔽。蔡榮芳認為,在前者的史觀中,英人統治精英是主角,華人「要不是被忽略,就是站在旁邊被統治者任意指使」。後者的史觀則放大在港華人對英國統治的反抗,並認為「香港只是附屬於中國的一部份,並無別的特徵與權益」。以上兩個史觀均忽視了香港與佔人口絕大多數的香港華人的主體性,而且未能完整地重構殖民地統治者與香港華人的動態關係。[36] 高馬可(John Carroll)亦提到不能簡單以統治者和從屬者來看待香港的殖民地歷史。[37]

本書嘗試以香港和香港華籍英兵(以及混血士兵)為本位,以分析這些華兵。在一百多年英國使用香港華兵的歷史中,華兵參軍的原因各有不同,或由於經濟誘因、土客衝突、保衛家園、增廣見聞,甚至同時為中、英兩國抵抗外敵侵略。眾多華兵之中,亦有純粹打算欺瞞其英國僱主的人,例如在第二次鴉片戰爭期間,那些拿到三個月餉銀後即逃去無蹤的華人「苦力兵」。華兵不但親身參與保衛香港,甚至海外戰場的戰鬥,更在殖民者與被殖民者的關係中扮演一定的角色,可算在香港的殖民地經驗中起過積極作用。

詳細研究香港華籍英兵的經驗,不只是為了重新發現香港「本土軍人」的歷史,更是為了釐清香港常被遺忘的軍事歷史、補充香港歷史論述中偏重政治、經濟以及社會史的傾向,更可從華兵的角度重新審視英國殖民者與香港華人的關係,以及英人與華人對雙方不斷轉變的理解和想像。華洋軍人一百多年來在香港的合作,是香

港「華洋雜處」**38** 的歷史中一個獨特的例子。

近年，學術界對殖民地時期香港歷史的敘述，已能逐漸超脫「殖民地史學」和「愛國主義史學」的桎梏，轉向對不少當時被遺忘的羣體作出細緻的描寫，並對殖民地時期的香港社會作出更為深入的探討和評價。這些討論並不是為了緬懷殖民地時期，而是希望重新發現當時香港社會中，殖民者與被殖民者關係中的複雜性，以及20世紀香港作為「中華民國」和中華人民共和國以外的另一個華人社會的歷史經驗。本書亦希望以華籍英兵為例，顯示殖民地時期殖民者與被殖民者不一定處於純粹的對立／合作的二元關係，殖民地統治亦不能只以「以華制華」、「分而治之」等籠統詞彙解釋。當時在香港生活的人，不論華洋混血，均受著階級、權力等限制，不斷互動協商，其間不無搏弈衝突。例如，華籍士兵逐漸在英軍中獲得和英兵同樣的地位，並非一個必然的過程。他們亦有多重的主體性和身份認同，不一定如某些後世的觀察者般，只以國家（尤其是現代民族國家）理解自身及世界。如勉強以此為之，則可能出現去脈絡化的解讀和分析，甚至以當時不存在的態度和情感看待當時複雜的世界。

史料與研究回顧

本書主要利用檔案和口述資料，重構香港華人士兵在英國海、陸、空軍的參軍經驗，以及他們與殖民政府的關係。現時，有關香港軍事歷史的著作均以白人駐軍、重大事件（如 1899 年新界戰役和 1941 年日軍侵港等），以及軍事設施為研究中心，除了香港華人部隊如香港軍事服務團（Hong Kong Military Service Corps）本身的團隊史（Regimental History）以外，有關香港軍事歷史的著作均少

有詳細討論華人士兵。有關華兵在不同時期服役的史料散見於當時的政府檔案、報刊以及回憶錄之中，它們是本書的主要資料來源。本書的原始資料大多來自香港政府檔案處（Public Records Office, Hong Kong）、英國國家檔案局（National Archives, UK）、帝國戰爭博物館（Imperial War Museum）、倫敦大學亞非學院（School of Oriental and African Studies）和日本國立公文書館亞細亞歷史資料中心等，它們記載了不同時代的華兵活動、當時的歷史背景，以及殖民地政府對他們的待遇等。

此外，在太平洋戰爭期間於華南組織英軍地下抗日活動的賴廉士（Lindsay Ride）的女兒伊利沙白（Elizabeth Ride）將其父親的檔案存放於「香港社會發展回顧」（Hong Kong Heritage Project）檔案室，這些檔案包括大量有關戰前（1941 年以前）加入英軍的華人士兵的資料，對本書的研究有重大幫助。本書亦依賴在英國海、陸、空三軍中服役的華人的口述紀錄，以及曾與華人一同服役的英國軍人的回憶，以彌補檔案資料的不足。

由於不少在戰後服役的華籍英兵仍然健在，作者撰寫本書時亦曾訪問這些老兵，問題主要是關於他們的個人背景、訓練、士兵生活、待遇、退伍過程以及與英人的關係等。口述紀錄是「個人對於自身經歷的證言」。[39] 自修昔底德撰寫《伯羅奔尼撒戰爭史》（*History of the Peloponnesian War*）以來，治史者已使用口述史料，但此方法在 20 世紀中期錄音技術成熟後才被廣泛應用。由於口述者大多並非專業史家，對事件或自身經驗的記憶亦會逐漸模糊，加上訪問者本身對問題的理解以及他有限的資訊，故口述資料與其他史料一樣，不只是（亦不可能是）「客觀的事實」，而是協助研究者獲得新資料，並反思其假定和既有論點的工具。[40] 例如，筆者本假設華洋士兵的相處是一個主要問題，但被訪者卻大多提到華洋士兵生活融洽。本

書使用的訪問紀錄補充了檔案和圖像史料的不足，使我們可以更有效地理解不同時代的華籍英兵的生活，以及他們所身處的時空。本書亦得益於明愛（倫敦）學院在 2011 年開始進行的「英國華人職業傳承史」（British Chinese Workforce Heritage）計劃，它為部份華籍英兵進行口述歷史紀錄，並整理他們的經歷。[41] 這些工作適時地保存了大量有關華籍英兵的重要資料。

除了檔案與口述資料外，本書亦得益於來自各檔案館、前華籍英兵及其家屬以及香港歷史研究者高添強先生和周家建先生所提供的照片。正如研究非洲殖民地士兵的基連格里（David Killingray）指出，治史者需要審視、閱讀、分析並解讀歷史照片的內容，如同對待文字史料。[42] 這些歷史照片不但顯示了不同時代華籍英兵的形象，更反映了英人對他們的理解、想像及假設。例如，19 世紀的華籍英兵多以滿清士兵的造型出現在照片之中，只有少量的英軍制服元素，以反映他們英軍的身份。這些形象反映了英人認為華人雖然有一定的士兵特質，但始終不被視為現代軍人，只能是白人軍官領導下協助英軍作戰的輔助人員。直至第二次世界大戰前夕，華兵的形象才有所改變，成為與英軍共同作戰的現代士兵，其形象亦隨之改變。在戰後，華人英軍的地位與其他英軍日漸趨向平等，此亦反映在華籍英兵的自我形象與其英國同僚通過文字和影像對他們的描述中。

本書結構

本書起首為「導論」，剖析本書主題「華籍英兵」的歷史背景以及研究他們的意義，並淺論相關的史料和前人研究。第一章討論第二次鴉片戰爭期間出現的「苦力團」，該部是英軍首個以香港（以

及廣東）華人為主的陸軍部隊。第二章先詳述在 1860 至 1880 年間有關招募華人士兵的討論，然後分別探討 19 世紀末陸續出現的華人海軍水兵、水雷砲兵與勞工隊，以及香港華兵在第一次世界大戰對協助國在歐洲和中東等地的貢獻。第三章以 1941 年香港戰役中的華兵和混血士兵為中心，紀錄他們在戰前的待遇、訓練、組織，以及在戰鬥期間的行動。第四章詳述太平洋戰爭中的華籍英兵，除了為人熟知的英軍服務團外，尚有緬甸前線的特種部隊「香港志願連」。第五章則以戰後的華籍英兵為焦點，考察他們的生活和各種行動。最後為結論，總結全書內容，並就華籍英兵的功能、經歷，以及與殖民者的關係作一總括的通論。

1　John Lynn, *Battle: A History of Combat and Culture* (Boulder, Colo.: Westview Press, 2003), p. xiv.

2　John Keegan, *The Face of Battle: A Study of Agincourt, Waterloo and the Somme* (London: Pimlico, 2004), pp. 61, 72.

3　Samuel Marshall, *Men against Fire: The Problem of Battle Command* (Norman: University of Oklahoma Press, 2000).

4　沈松僑，〈我以我血薦軒轅 ── 黃帝神話與晚清的國族建構〉，載《台灣社會研究季刊》（1997），28 期，頁 1-77；Chow Kai-wing, "Imagining Boundaries of Blood: Zhang Binglin and the Invention of the Han 'Race' in Modern China," in Frank Dikötter, Barry Sautman (eds.), *The Construction of Racial Identities in China and Japan* (Hong Kong: Hong Kong University Press, 1997), pp. 34-52。關於「中國」在歷史上的複雜性，可參看葛兆光，《宅茲中國：重建有關「中國」的歷史論述》（北京：中華書局，2011），引言。

5　Geoff Wade, "Ming Chinese Colonial Armies in Southeast Asia," in Karl Hack and Tobias Rettig, *Colonial Armies in Southeast Asia* (London; New York: Routledge, 2006), pp. 73-98.

6　Eric Hobsbawm, *The Age of Empire, 1875-1914* (London: Abacus, 1997), p. 59.

7　James Hevia, *English Lessons: The Pedagogy of Imperialism in Nineteenth-Century China* (Durham: Duke Universtiy Press, 2003), p. 12.

8　James Hevia, *English Lessons*, pp. 4-11.

9　Prasenjit Duara, *Rescuing History from the Nation: Questioning Narratives of Modern China* (Chicago: the University of Chicago Press, 1995), pp. 3-16.

10　James Hevia, *English Lessons*, pp. 17-22.

11　有關美國內戰時的華兵，見張書華，《獅之魂：美國內戰中的中國戰士》（北京：清華大學出版社，2013）。

12　資料由第二次世界大戰退伍軍人協會提供。

13　Tai Tai Yong, *The Garrison State* (London: SAGE Publications, 2005), p. 31.

14　Alan Harfield, *British and Indian Armies on the China Coast, 1785-1965* (London: A and J Partnership, 1990), pp. 39, 47.

15　Karl Hack and Tobias Rettig, p. 9.

16　David Omissi and David Killingray (eds.), *Guardians of Empire: the Armed Forces of the Colonial Powers c. 1700-1964* (Manchester; New York: Manchester University Press, 1999), p. 7.

17　Bruce Elleman, *Modern Chinese Warfare* (London: Routlledge, 2001), p. 75.

18　David Killingray, *Fighting for Britain: African Soldier in the Second World War* (Woodbridge: James Currey, 2012), p. 44.

19　Philip Mason, *A Matter of Honour: An Account of the Indian Army its Officers and Men* (London: Penguin, 1974); Christopher Chant, *Gurkha: the Illustrated History of an Elite Fighting Force* (Poole: Blandford, 1985); John Parker, *The Gurkhas: the Inside Story of the World's Most Feared Soldiers* (London: Headline, 1999); Chris Bellamy, *The Gurkhas: Special Force* (London: John Murray, 2011).

20　David Omissi and David Killingray, *Guardians of Empire*, p. 4.

21　Brian McAllister Linn, "Cerberus' Dilemma: the US Army and Internal Security in the Pacific, 1902-1940," *Guardians of Empire*, pp. 114-136.

22　Jaap de Moor, "The Recruitment of Indonesian Soldiers for the Dutch Colonial Army, c. 1700-1950," *Guardians of Empire*, pp. 53-69.

23　Edward Paice, *Tip & Run: The Untold Tragedy of the Great War in Africa* (London: Weidenfeld & Nicolson, 2007).

24　Brandon Palmer, *Fighting for the Enemy: Koreans in Japan's War, 1937-1945* (Seattle and London: University of Washington Press, 2013), p. 1; Phillip Jowett, *Rays of The Rising Sun, Armed Forces of Japan's Asian Allies 1931-45*, Volume I: China & Manchuria (West Midlands: Helion, 2004)。周婉窈，〈日本在台軍事動員與台灣人的海外參戰經驗〉，載《海行兮的年代 —— 日本殖民地統治的末期台灣史論集》（台北：允晨文化，2002 年），頁 127-183。

25 Victor Louzon, "From Japanese Soldiers to Chinese Rebels: Colonial Hegemony, War Experience, and Spontaneous Remobilization during the 1947 Taiwanese Rebellion," in *Journal of Asian Studies*, Vol. 77, No.1 (Feb 2018), pp. 162-179.

26 樹仁大學林綺雯博士提供資料，特此鳴謝。

27 Brandon Palmer, pp. 6-11.

28 Brandon Palmer, p. 31.

29 Karl Hack and Tobias Rettig, p. 28.

30 Eric Hobsbawm and Terence Ranger (eds.), *The Invention of Tradition* (Cambridge: Cambridge University Press, 1983), p. 1.

31 Sartaj Alam Abidi, Satinder Sharma, *Services Chiefs of India* (New Delhi: Northern Book Centre, 2007), p. 43.

32 Christopher Bayly and Tim Harper, *Forgotten Armies: The Fall of British Asia, 1941-1945* (Cambridge, Mass.: Belknap Press of Harvard University Press, 2005), p. xix.

33 Kevin Blackburn, "Colonial Forces as Postcolonail memories: the commemoration and memory of the Malay Regiment in modern Malaysia and Singapore," in Karl Hack and Tobias Rettig, pp. 302-323.

34 Phillip Bruce, *Second to None: The Story of the Hong Kong Volunteers* (Hong Kong: Oxford University Press, 2001), p. 212.

35 何家騏、朱耀光，《香港警察：歷史見證與執法生涯》（香港：三聯書店，2011）。

36 蔡榮芳，《香港人之香港史，1841-1945》（香港：牛津大學出版社，2001），頁 5-9。有關香港本土史觀點問題，亦可見徐承恩，《城邦舊事：十二本書看香港本土史》（香港：青森文化，2014），頁 14-18。

37 John Carroll, *Edge of Empire: Chinese Elites and British Colonials in Hong Kong* (Hong Kong: Hong Kong University Press, 2007), p. 9-11.

38 「華洋雜處」一詞來自文基賢（Christopher Munn）有關香港早期歷史的著作《華洋雜處》。見 Christopher Munn, *Anglo-China: Chinese People and British Rule in Hong Kong, 1841-1880* (Hong Kong: Hong Kong University Press, 2009)。

39 Valerie Yow, *Recording Oral History: A Guide for the Humanities and Social Sciences* (Walnut Creek, CA: AltaMira Press, 2005), p. 3.

40 Valerie Yow, pp. 5-14.

41 英國華人職業傳承史計劃網頁：http://www.britishchineseheritagecentre.org.uk/。

42 David Killingray, *Fighting for Britain*, p. 4.

01

首支
華人部隊：「廣州苦力團」

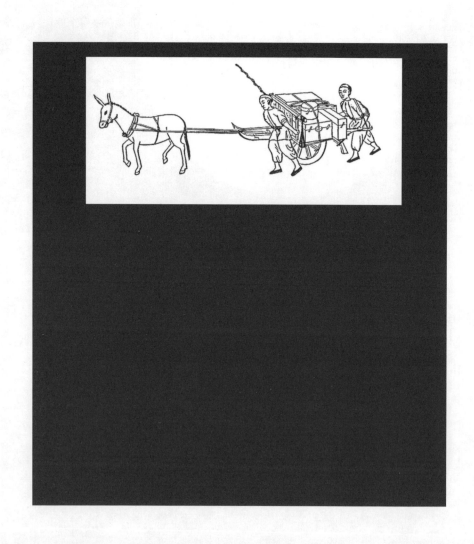

官兵一體照會，若汝等善待華兵，渠等即願效死命。[1]

——中國遠征軍司令部，1860 年 5 月

苦力團成軍

在第一次鴉片戰爭期間，已有不少沿海華人協助英軍作戰，例如提供食物、帶路等，甚至在英兵後面搶掠。[2] 例如，在英國皇家海軍三等戰列艦韋利斯利號（HMS Wellesley）上擔任船醫的祁禮（Edward Cree）在回憶錄中提到，當時船上已有華人水手。[3] 可是，當時英軍尚未組成正式的華人部隊。第一支華籍英兵部隊在第二次鴉片戰爭期間出現。1856 年，亞羅號（Arrow）事件發生，英國乘機動武，以修訂在第一次鴉片戰爭後迫使清政府簽訂的《南京條約》。由於英軍在香港的兵力不足以獨力制服滿清，以至近在咫尺的廣東地方政府，英國必須自印度調來援軍，但該地在 1857 年爆發傭兵叛變，使英國一時在亞洲頗缺人手應付。該年，陸軍大臣（Secretary of State for War）彭慕來勳爵（Lord Panmure）下令臨時

徵用 750 名苦力（咕喱）擔任後勤工作，由每 16 人負責搬運一門火砲。[4] 此決定頗受身在香港和廣州的英人所嘲笑，但苦力們在英軍完全陌生、而且缺乏道路的環境中極大地支援了英軍的後勤。[5] 在 1857 年 12 月參戰的苦力共 987 人，其中 804 人為華人，183 人為馬來人。[6] 英軍於 1857 年、1858 年兩次攻入廣州，然後於印度兵變後逐步增派援軍至香港，企圖擴大侵略範圍至長江三角洲與華北地區，並於 1860 年 3 月強佔九龍，與兩廣總督勞崇光簽訂協議租用九龍（戰後通過《北京條約》使之成為割讓地），使香港成為英國進攻華北的後勤基地。

佔領廣州後，英軍未有解散其隨隊苦力，而是擴大建制，把他們組織成英軍第一個正式的華人部隊「廣州苦力團」（Canton Coolie Corps）。英軍深入中國內地作戰，雖然指揮、裝備、訓練、組織和通訊較清軍優良，但人數卻處於劣勢，而且作戰範圍遼闊，補給線極長，單是食物一項已不能自給，因此必須依賴當地人協助後勤運輸。為滿足英軍對後勤人員的龐大需求，加上印度兵變後英人對大規模徵用印人頗有戒心，遂於香港、九龍及廣州一帶徵召更多苦力協助搬運大砲、行李和物資。

1860 年 2 月底，英軍遠征軍總司令克靈頓中將（Lt. Gen. Sir James Hope Grant）命令第 12 馬德拉斯土著步兵團（12th Madras Native Infantry）的譚寶少校（Maj. John Temple）組建苦力團，並發給他每月 7,732 鎊用以徵募華兵，另有 576 鎊為多名英籍兼任軍官的特別津貼。預想中的苦力團規模龐大，每個英軍的步兵團將有一連，每連 400 人，不計算本已招募的 700 人在內。[7] 每隊中懂英語者有機會成為士官，協助指揮和負責翻譯工作。苦力隊有數名中醫隨隊，另外由印軍英籍醫官檢查部隊的健康狀況。

英軍多徵用客家人為隨隊苦力。客家人是來自北方的移民，其

體格較南方本地人壯健，但土客人口常因為爭奪資源或家族恩怨而出現武裝衝突，客籍人口亦因此與官府關係不佳。[8] 當時威脅推翻滿清的太平軍，在建立初期亦主要由客家人組成。[9] 眼見英軍大量使用華兵，與英國一同入侵中國的法軍亦徵募自己的苦力隊，稱為「中國軍團」（Corps Chinois），人數約有 1,000 人，但部隊內的廣東人和佔多數的上海人關係不睦，而且待遇較差。[10]

苦力團成軍後，苦力兵全體獲得制服。他們全都穿上清朝常見的深藍色棉褂和馬褲（每人兩套，使用六個月），頭戴竹篾編織成的笠帽，上書苦力團的簡寫「C.C.C.」三個黑色大字母。胸口和背部與常見的清代兵勇一樣，縫上一個白色黑邊的大圈，由一黑線分成兩半，上面以英文和阿拉伯數字寫有苦力兵的隊號和士兵號碼（上方為兵號，下方為隊號），士兵左上臂則與英軍官兵一樣，有標示其軍階的徽章。與當時部份印度兵一樣，苦力兵們沒有獲發鞋子。他們大多沒有剪去其辮子，只把它們紮上笠帽，英軍亦未要求他們剪去。負責帶隊的英籍軍官則與其他英軍後勤人員穿着相同軍服，但他們的長褲兩邊均加上了一條白線，以示識別。據英軍紀錄，每個苦力兵最少可背負 50 磅（22.67 公斤）的物資，使用擔挑時則可背上更多。英軍亦記載苦力團經常使用一種單輪木頭車，可以盛載逾 400 磅（181 公斤）的貨物。[11]

苦力團組織初期最大的問題是逃兵。當時有謠言指英軍會把苦力隊當作「人盾」使用，由苦力在前面掩護，英軍於後面開火。英軍徵召苦力後安排他們排成四行列隊步操，更使謠言疑幻似真，越傳越廣。英軍為建立信用，向所有新兵預先發放數月薪金。初時，苦力兵每月工資是五個銀元，助理士官是七個銀元，士官則有十個銀元。可是，由於應募者不多，英軍在 1860 年 5 月增加苦力兵的薪金至苦力兵九個銀元（一鎊 17 先令六便士或 6.29 兩），助理士

華人苦力兵的制服，1860 年（歐陽佩雯小姐畫；參考自英軍檔案資料〔見註 11〕及 Ian Heath and Michael Perry, *The Taiping Rebellion, 1851-1866* [London: Osprey, 1994]）

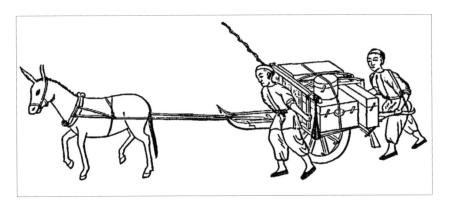

苦力兵常用的木頭車（Salis Schwabe, p. 815）

官 11 個銀元，士官則有 14 個銀元（表 1）。[12] 當時，一名石工的工資為每日 2.4 錢（每月 7.2 兩）。與之相比，苦力兵的工資則略遜，只有 6.29 兩。[13] 可是，由於不知會否成為人盾，因此雖然待遇不算太差，仍有不少應徵者拿到薪水後即行逃逸。英軍本打算徵募 4,000 名華兵，但初期只能招募大約 2,000 人。[14] 據隨隊英印軍軍醫連尼（D. F. Rennie）回憶，苦力團初期均有英籍士兵陪同，以維持秩序和阻止逃兵。由於英軍士兵尚未能分辨中國人的樣貌，故苦力兵仍不時逃脫。關於逃兵，連尼寫道：[15]

數日前，有一個苦力想出一個絕妙的逃走辦法。他上船前獲得 27 元（三個月薪餉）後，他跟着看管他的一名英兵在岸上購買日用品。他買來胡椒粉，乘英兵不察時撒向他的雙眼，然後撕去身上的隊號逃去無蹤。在更多的時候，逃兵只需帶同英軍前去人多的地方，然後偷偷撕去隊號，再混入人群之中。英兵尋找他的戰友時，往往只能一頭霧水地發現地上的隊號，以及

附近全部看來長相和衣着都一模一樣的人群。自此以後不久，士兵們都死死拿着剛徵召的苦力的辮子，直到上船後才敢放手。

連尼曾提及一艘軍艦接收十名苦力兵後，翌日早上只剩下四人，其餘六人不但逃去，更再次應徵領取薪水。[16] 由於英國政府在1868 年卡德威改革（Cardwell Reform）以前對陸軍士兵非常刻薄，因此亦有可能出現英籍士兵和苦力對分薪餉後讓後者離去的情況。

苦力團隨英軍北上華中和華北作戰前，英軍在香港島跑馬地附近為他們建築了臨時軍營。時值炎夏，營房以竹搭建而成。營中有兩排竹床，上面再放上竹簟，兩端有煮食用的火爐。連尼對一眾苦力兵於營房中生火煮食感到吃驚，認為眾人毫無防火觀念。連尼亦發現英軍對苦力兵少有約束，眾華兵亦自得其樂，每日工作完畢後即回營準備晚餐。[17] 當時，苦力兵的糧食配給包括每星期三日，每日半磅醃豬肉或牛肉（227 克）、半磅豆（227 克）、一磅半白米（681克）、四分之一安士（7 克）檸檬汁和砂糖；另外四日每日兩磅（908克）白米和半磅（227 克）鹹魚；蔬菜則每日配給。[18]

表 1：苦力團規模與官兵待遇（1860 年 2 月）*

1 名司令	每月 400 盧比（額外津貼）
1 名副司令	每月 250 盧比（額外津貼）
12 名副官（subaltern officer）	每日 9 先令 6 便士（額外津貼）
11 名士官（company sergeant）	每日 1 先令 6 便士（額外津貼）
280 名傳令兵（英兵）	每日 9 便士（額外津貼）
4 名中醫師	每月 6 鎊 5 先令
40 名華人士官	每月 2 鎊 18 先令 4 便士
40 名華人助理士官	每月 2 鎊 5 先令 10 便士
4,000 名苦力兵	每月 1 鎊 17 先令 6 便士

* Mark Bell, p. 422.

參與第二次鴉片戰爭的苦力團

至 1860 年 4 月底，苦力團 300 人隨英軍 2,500 人登船前往舟山群島。連尼記下了他在其中一艘運兵船上的見聞，足可描述當時大致情況：[19]

（當時）有 300 名中國苦力在船上，同時有近 120 名第 44 團（44th Foot）的士兵……苦力們正在列隊步操……操法是要他們順着號碼列隊，然後點算人數，以確保前一晚沒有人跳海逃走……完成列隊後，眾人顯得興高采烈，連忙繼續準備出航的工作。我走進船艙察看他們的住處，見他們都睡在下層的蓆上。至少有三分之一人經常在露天甲板，另外有相當比例的英兵看管。他們每人都帶上一些箱子，內裏有各種可以在路上享受的副食品。他們的正餐由英軍提供，包括白米飯和豬肉……。

部份苦力兵有時亦受到不公的待遇。據連尼記載，他登上 1,300 噸的運兵船溫尼法號（HMS Winifred）時，發現船上有十多名正在發燒的華兵，詢問隨隊中醫後，才得知有近 550 名苦力兵與 140 名英軍分別居於船的兩端，但船上人數比編制多出三分之一。中醫說船上人數太多，溫度太高（too many piecee men, too muchee hot）。連尼又發現船上英軍不願任由華兵在露天甲板睡覺，怕他們趁機逃去，令華兵所居住的船艙過度擁擠。[20] 為免陣中英兵欺凌苦力兵，英軍司令部特別命令英兵善待華兵。[21] 司令部又為使用苦力兵訂下一套通例，包括每名苦力兵最多攜 60 磅行李，每團歐洲步兵可獲配屬一連苦力團兵。每個苦力連名義上有 400 人，但實際人數則根據

配屬部隊人數以及其任務而定。登陸後，苦力連負責運輸彈藥、營具、軍糧、柴薪、水，以及額外的被服到達戰場；他們亦要負責運送傷病員以及軍官的行李（以每名軍官配屬兩人為準），並緊跟所屬部隊，於其後方紮營。停止行軍時，他們則負責安排運送物資到所屬部隊的營地。

雖然英軍北上過程大致順利，但其中一艘蒸汽運兵船援助號（HMS Assistance，1850 年造）在 6 月 1 日於維多利亞港出發數小時後，即於港島深水灣附近觸礁沉沒。當時船上有 850 名苦力兵及大量物資和火砲，足可釀成重大災難。輪船觸礁時，數百名苦力兵蹦上甲板準備跳船，但被船上英軍阻止，以防他們將船隻弄翻，雙方衝突一觸即發。所幸，當時船上有一百多名曾於廣州協助英軍的苦力團老兵，他們向眾人保證維持秩序將可使他們獲救，加上船隻沉沒時離岸只有 50 多米，因此意外中幾乎無人死亡，850 名苦力兵上岸後只有七人未能尋回（逃走或溺死）。[22] 由此事可見，雖然苦力兵只接受了初步的軍事訓練，但與英軍長期合作的經驗（包括人身安全和穩定的收入）使部份苦力兵對英軍頗為信任，事件亦使英軍留意到部份較有經驗，或懂得英語的苦力兵足以勝任領導的工作。

1860 年 7 月，英法聯軍在大連灣附近登陸時，約有 3,000 名苦力兵隨隊作戰。登陸的七個歐籍步兵營（時稱為團）均有自己的苦力連。苦力因為他們「高昂的士氣和合作的態度」而贏得英法雙方的尊敬。他們為登陸部隊運送糧食和軍火、挖掘水井、使「參戰部隊在整體上更為健康」。[23] 由於苦力兵的表現，英軍亦曾增加其伙食配給，以示獎勵。正如連尼提到苦力兵有時亦被刻薄對待，尤其是隨同海軍作戰者。[24] 可是，身在華北的苦力兵不能像以往那樣一走了之，脫離部隊回到鄉下。來自廣東的苦力兵逃走後，只會發現自己身處存有敵意而且語言不通的人口之中。苦力團曾發生一次大規

模的脫隊事件，足可說明這個問題。當時，有近 90 人離開部隊，但他們遇到當地居民後全被捕獲，其中大部份人被殺，少數被送往地方衙門，只有六人生還回到部隊。[25] 因此，身在華北的苦力兵多樂見英法聯軍獲勝，因此事關乎他們的安危。[26] 另一方面，苦力兵亦曾參與搶掠，解釋了為何他們被當地居民仇視。在進攻天津和北京附近的通州期間，英軍曾嘗試在華北招募更多苦力兵，但來自北方的苦力兵由於缺乏訓練，經常脫隊搶掠，最終英軍把一名案情嚴重的苦力兵問吊，情況才得以受控。[27]

至 8 月，英法聯軍登陸北塘時，苦力隊不但為先頭部隊解決水荒，更全程在積滿淤泥的海灘來回運送貨物，使前線士兵得以集中精力作戰。曾參與此役，其後官至陸軍總司令的伍斯利爵士（Sir Garnet Wolseley）認為，一名苦力可取代「三隻運輸動物」（pack animals，指騾或牛）。[28] 聯軍從北塘進攻大沽時，大量騾馬死在充滿泥濘的路上，苦力兵則協助聯軍把大砲和彈藥推往前線。英軍的後勤人員記述：「苦力兵和騾馬不分晝夜地工作……不少騾馬過勞而死……一星期後，不足半數騾馬可再走一里，四分之三的騾馬背部出現紅腫。」[29] 可見，若無苦力兵協助，則聯軍或需要更長時間進攻大沽砲台。英軍後勤軍官直言：「我們（英軍）並非每次作戰都可依賴苦力團。」[30] 進攻大沽要塞期間，英軍的苦力團留在火線後面負責運送物資和傷員，法軍的苦力兵則負責站在浸了水的壕溝中舉起木梯，使法軍士兵可以攻上砲台。[31] 雖然英軍的苦力兵未有參與戰鬥，但他們亦面對被俘的危險。一次，十多名苦力兵在英軍後方工作時被清軍騎兵擄獲。可是清軍未有殺害他們，而是把他們的辮子剪去，再將他們送回英軍處。這個舉動，可算是剝奪了他們「清人」的身份，使之難以重回家鄉，無異於把他們處決。[32]

英法聯軍在 1860 年 10 月攻陷北京，救出被囚的英國外交使節

巴夏禮（Harry Parkes）及其隨員並搶掠和燒毀圓明園等「三山五園」後，清政府與兩國簽訂《北京條約》，斷斷續續逾四年的第二次鴉片戰爭終告結束，存在了近四年的苦力團亦被遣回香港解散。戰役即將結束時，連尼注意到部份華兵已養成一定的軍事紀律：「在碼頭上等候駁船回去威悉號輪船（SS Weser）時，約 300 名華兵列隊行進，以擔挑搬運行李。不少華兵已養成軍人氣質，把擔挑像步槍一樣扛在肩上，步履整然，看來就像可以訓練成好士兵的材料。」[33]

小結

在 1840 至 1860 年代，英國的海陸軍雖然有能力在中國作戰，並在戰場上屢次擊敗滿清軍隊，但他們亦要面對複雜多變的後勤問題以及疾病的威脅，因此必須要依靠與華人的合作。英人利用客家人口對滿清的不滿，與部份加入英軍的華人建立了互信，使他們願意協助英軍作戰。在華洋相處的過程中，英人對華人的軍事潛能有進一步的瞭解。雖然英人對清政府不無蔑視，但細看英國軍人對華兵的描述，可見他們對華兵的耐力和潛質不無欣賞之意。這個態度促使他們在第二次鴉片戰爭結束後不久即開始考慮應否徵用華兵的問題。

註釋

1　Salis Schwabe, "Carrier Corps and Coolies on Active Service in China, India, and Africa, 1860–1879," in *Royal United Services Institution Journal*, Vol. 24, No. 108 (1881), p. 834.

2　蔡榮芳，《香港人之香港史，1841-1945》，頁 15-19、36。

3　Edward Cree, *Naval Surgeon: the Voyages of Dr. Edward H. Cree, Royal Navy, as Related in His Private Journals, 1837-1856* (New York: E.P. Dutton, 1982).

4　Mark Bell, *China: Being a Military Report on the Northeastern Portions of the Provinces of Chih-Li and Shan-tung; Nanking and its Approaches; Canton and Its Approaches; Together with an Account of the Chinese Civil, Naval, and Military Administrations and A Narrative of the Wars between Great Britain and China* (Calcutta: Office of the Superintendent of Government Printing, India, 1884), p. 313; *Dragon Journal: Commemorative Issue* (Hong Kong: HKMSC, 1997), p. 6.

5　Demetrius Charles Bougler, *China* (New York: Peter Fenelon Collier & Son, 1900), p. 355.

6　Mark Bell, p. 314.

7　Salis Schwabe, p. 815.

8　David Field Rennie, *British Arms in North China and Japan: Peking 1860; Kagoshima 1862* (London: John Murray, 1864), p. 15.

9　簡又文，《太平天國全史》（香港：簡氏猛進書屋，1962），頁 10-11。

10　David Field Rennie, p. 46; Salis Schwabe, p. 816.

11　Salis Schwabe, p. 815; Mark Bell, pp. 422-423.

12　Mark Bell, pp. 422-423.

13　蕭國健，《香港歷史與社會》（香港：香港教育圖書，1994），頁 63。本書參照林滿紅一銀兩等於 1.43 銀元的換算率。林滿紅，《銀線：十九世紀的世界與中國》（南京：江蘇人民出版社，2011），頁 3。

14　Salis Schwabe, p. 816.

15　David Field Rennie, pp. 25-26.

16　David Field Rennie, p. 16.

17　David Field Rennie, p. 17.

18　Mark Bell, p. 425.

19　David Field Rennie, p. 16.

20　David Field Rennie, pp. 24-25.

21　Salis Schwabe, p. 834.

22　David Field Rennie, p. 21.

23　Salis Schwabe, p. 817.

24　David Field Rennie, p. 55.

25　David Field Rennie, p. 54; Salis Schwabe, pp. 816-817.

26　Salis Schwabe, p. 817.

27　Salis Schwabe, p. 818.

<u>28</u> Salis Schwabe, p. 817.

<u>29</u> Ibid.

<u>30</u> Salis Schwabe, p. 818.

<u>31</u> David Field Rennie, p. 114.

<u>32</u> Salis Schwabe, p. 818.

<u>33</u> David Field Rennie, p. 50.

02

華人水兵、水雷砲兵與勞工隊

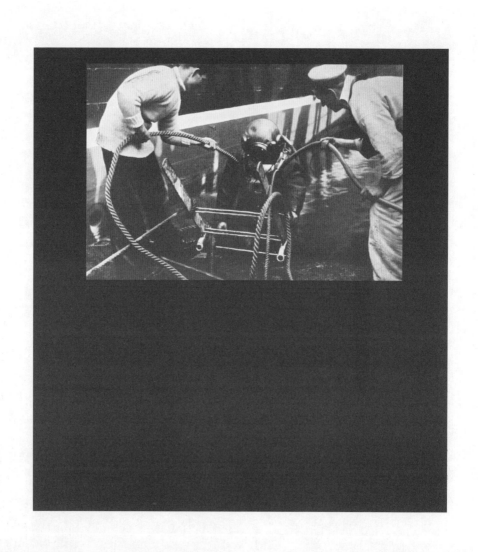

如薪金豐厚，領導得宜，華兵絕非貪生怕死之輩。他們生活有規律，這個習慣雖然在平時使他們傾向和平，但在戰時則成為一股幾近魯莽的狠勁（a daring bordering upon recklessness）。他們的智力和記憶力，以及他們的冷靜和沉着，使他們非常適合近代戰爭。[1]

　　　　——曾參加常勝軍（Ever-Victorious Army）的英國陸軍

軍官威爾遜（Andrew Wilson），1881 年

有關招募華人士兵的討論（1860-1880）

　　英軍把苦力團解散以後，英國海陸軍中再無任何華人部隊。可是，苦力團在戰爭期間在後勤方面的出色表現，使當時有英國軍人及官員對徵募華兵抱有期望，但亦有抱持懷疑態度者。有關應否在英軍中建立華人部隊的討論自 1860 年代初期已經開始，直至 1880 年代才結束。本章主要討論上述爭論，並詳述 1860 至 1919 年的華籍皇家海軍水兵、1891 至 1905 年存在的「香港水雷砲兵連」（Hong Kong Company of Submarine Miners），以及在第一次世界大戰期間

為英軍服務的華人海員和軍事勞工。

在 19 世紀中期，英人以種族科學為中心的白人優越論述才剛出現，英人對華人，特別是華南人口的觀察有時頗為正面，尤其是有關華人的體格與性格的描述。例如，在中國海關（Imperial Maritime Customs Service）任職的英國醫生德己安（John Dudgeon）對中國人的生活習慣頗為推崇：「我們可安全地斷定，大部份中國人從他們的飲食、穿着，以至生活習慣等，都已找到了在熱帶地區延年益壽的秘訣；這些秘訣包括保持乾爽、飲食適量，以及維持身心平靜。」曾於英軍任職，其後同樣進入中國海關服務的哥頓（Charles Alexander Gordon）則認為華人有時比英國部份人口更為健康，「與印度斯坦沿岸地區的居民相比，華南居民更為優秀」。他認為這是因為華南人士多吃豬肉，但印度人的食物則以蔬菜為主。他更直指：「在很多方面，香港的工人階級比英國來自同一階層的人口活得更好，他們的個人衛生比我們大城市裏面的『骯髒人口』（Great Unwashed）要好，在農業地區也是一樣；在默默耕耘這一方面他們更徹底打敗英國人。」[2]

正當部份英國的觀察者對華人生活習慣與健康頗為欣賞的同時，部份英國軍人對華人的軍事潛力亦有所發現。在 1860 年與苦力隊一同遠征華北的軍醫連尼認為華人比英人或印人更為適合在東南亞地區作戰。連尼寫道：[3]

> 由於我們每年必須派出上千名英兵到中國服役，因此徵召苦力的問題在當前特別重要。英兵的體格與習慣均不適合中國〔和印度〕的氣候。他們非常不習慣印度的天氣。他們要吃大量的肉類，不停喝有毒的酒精，有時更是最差劣的酒精，又用毒性最強的煙草使自己染上毒癮。他們害怕陽光，又不願在日間

鍛煉。因此，他們整天都呆在軍營裏昏昏欲睡，無所事事。這不但對他們的健康無益，更使他們不能在印度長期服役。英國士兵只會在他們沒地方花錢的時候才會儲蓄，機會一到，他便會一口氣把積蓄浪費掉。

如果中國士兵在印度服役，他們首先會想到儲蓄，把薪金一部份匯給家人，另一部份則留待合約結束後回到家鄉使用。中國低下階層的儲蓄習慣使他們不會染上對我們在印度的士兵甚為有害的惡習。我並不認為中國士兵沒有惡習，但他們的自控能力使他們比英國士兵更能管理自己。

由於以上的原因，不單是連尼，包括苦力隊指揮官譚寶少校等人均認為應該把苦力隊保留，因為英軍已經擁有 3,000 至 4,000 名已接受基本軍事操練、習慣在英軍制度下工作，而且對英軍有信心的中國人。譚寶等人認為，與其把苦力隊解散，倒不如在香港成立一個華人部隊。[4]

正當親身和苦力隊合作的英軍軍官發現華兵的潛力並提倡組建華人部隊時，美國傭兵華德（Frederick Townsend Ward）亦提出在中國組建現代化部隊。他在 1861 年徵募華人加入他的傭兵隊，在長江三角洲一帶組織洋槍隊（後稱「常勝軍」，Ever Victorious Army）對抗太平天國。[5] 當時，洪秀全自封「天王」，其太平軍席捲華南，佔領南京為「天京」後更派兵北伐，大有推翻滿清之勢。在華中地區，除了曾國藩、左宗棠等漢人軍事領袖和其他滿蒙軍隊外，尚有常勝軍繼續抵抗太平軍。

華德於 1862 年陣亡後，在香港駐紮的英國駐華陸軍司令士他花利中將（Charles Staveley）在該年年底曾應清政府要求為常勝軍提名一位英國軍官出任提督。最後，英國工兵軍官「中國」哥頓（Charles

"China" Gordon，又譯戈登）在 1863 年 3 月接手指揮常勝軍。哥頓在 1863 年只是個上尉，他在克里米亞戰爭（1853-1856 年）期間曾參與圍攻塞凡堡（Sevastopol），並於戰鬥中受傷。戰後，他前往中亞，獲鄂圖曼帝國委託負責勘定俄羅斯和該國的疆界，曾與該地的遊牧民族相處。其後他參加了第二次鴉片戰爭，更於 1861 年從北京出發，前往張家口以及山西太原等地。[6] 哥頓在中亞和中國的經驗，有助於解釋其傾向採取徵用華兵等時人認為「非正統」的戰爭形式。

常勝軍所有軍官均由洋人出任，他們來自英國、美國、德國（普魯士）、法國、西班牙等國，但美國人佔最多。他們大多為海員或老兵出身，雖經驗豐富，但不守紀律，使常勝軍一直頗受軍紀問題拖累。部隊所有士官均為華人，全由士兵晉升。當時洋人不願提拔華人為軍官，因他們認為把華人升為軍官後，後者即會變得慵懶。[7] 常勝軍的華兵當時身穿半中國式（中式外衣和馬褲）、半歐洲式的制服（如有肩章等），頭上戴上綠色的頭巾，以有別於紅色頭巾的太平軍。

在哥頓的指揮下，常勝軍曾多次擊敗太平軍，並使該部人數最高峰時多達 5,000 人，更擁有自己的砲隊。可是，經過數年的戰鬥，該部在 1864 年已縮減至只有約 2,000 人，最終在 1864 年 4 月被解散。可是，曾於常勝軍服役的英國陸軍軍官威爾遜這樣描述華人的軍事質素：[8]

> 他們是和歐洲人一樣好的工兵……他們工作出色，又因為他們冷漠的性格而（在作戰時）頗為冷靜，而且他們不像歐洲人般在敵人火力下表現慌張。
>
> 以往的誤解已被拋棄……他們生活有規律，這個習慣雖然在平時使他們傾向和平，但在戰時則成為一股幾近魯莽的狠

勁。他們的智力和記憶力，以及他們的冷靜和沉着，使他們非常適合近代戰爭。雖然他們的體格比不上歐洲人，但較其他東方民族為佳。他們雖然只吃便宜的米飯、蔬菜、鹹魚以及豬肉，但可以在溫帶和熱帶應付大量的勞動⋯⋯他們物慾極少、沒有種姓制度、又對烈酒無甚興趣。

他又認為華兵雖然比英兵更為便宜，但效率與後者相同。組建常勝軍一事不但影響了晚清的現代化，而且亦使更多英國軍人對能否徵召華人加入英軍抱持相對開放的態度。1866 年，曾經參與英法聯軍之役，並曾任香港駐軍司令的克靈頓中將（James Hope Grant）曾於下院特別委員會討論香港駐軍問題時提到徵用華兵。由於當時英兵在港病死人數甚多，因此英國國會討論改善之法。被問到能否徵用華兵協助抵抗其他歐洲國家進攻香港，克靈頓說：「我認為有絕大幫助。一隊訓練有素的中國士兵可與錫克部隊相比擬。其實，我認為他們僅次於歐洲士兵。」他不但認為中國人有「成為良好士兵的潛質」，而且由於當時香港治安甚差（克靈頓認為「出城（維多利亞城）兩哩已屬危險」，「在城內要隨時有被搶劫的準備」），因此需要華兵協助分辨賊匪。可是，由於香港並無即時危險，加上英軍在香港的健康狀況日漸改善，此事遂不了了之。[9]

正當部份在華英軍萌生招募華兵的念頭時，英國政府開始考慮加強其海外基地的防務，以應對法、俄在遠東的擴張。香港亦因為它是中英貿易的樞紐以及英國海軍在亞洲的大本營而得到英國政府的注意。1878 年，英國政府委任「殖民地防務委員會」討論香港防務時，委員會提出成立華人部隊以協助英印駐軍防守香港：「這個殖民地現時有 650 名警察，其中 110 名為歐籍警員、176 名為印度籍、340 名為華人。香港警隊的結構正好指出可以利用一定數量的華人

砲手輔助皇家砲兵，或徵募一營華人步兵以加強我們的駐軍。（華人）已證明他們在良好的領導下是優秀的士兵。前香港皇家工兵指揮官摩理治上校（John Moggridge）告訴我們，華人不但願意參軍，亦值得信賴⋯⋯有見陸軍總司令元帥閣下（His Royal Highness the Field-Marshal Commanding-in-Chief，指時任陸軍總司令的劍橋公爵，Duke of Cambridge）認為不能在海外基地增加英籍士兵，委員會因此建議徵募華兵。這個實驗需要在當地小心處理，但如果按照香港警隊的比例，使華人與英兵和印兵一同駐紮，則這個殖民地將不會有任何危險⋯⋯。」[10]

殖民地防務委員會提出招募本地部隊後，致力提高華人地位的港督軒尼詩亦倡議成立華人部隊。軒尼詩於 1878 年 2 月先向倫敦建議重新成立由英籍人士組成的香港防衛軍，然後再於同年 5 月致函殖民地部，建議成立華人部隊：[11]

談到一般殖民地防衛，以及女皇陛下的屬地如何在戰爭中支援帝國等問題時，這個殖民地有一個特殊的情況值得政府留意。我所指的是利用香港成為徵募華人為女皇陛下服務的基地。

我親見西印度步兵團在非洲服務，亦見證了其他（英軍）土著部隊在世界各地服役的價值；我認為各殖民地不但擁有可以保護自身的力量，更可為正規軍提供不可小覷的助力。在歐籍軍官的帶領下，華兵將與其他殖民地士兵一樣服從紀律，而且面對敵人時亦不會退縮。雖然在這個殖民地長期居住的中國人只有大約 130,000 人，但每年卻有不少於 700,000 華人進出這個殖民地。只要建立一個有效率的徵募制度，我認為可以至少得到 20,000 名壯健的華兵用作駐守印度，或在其他地區服務。

雖然殖民地大臣（Secretary of State for the Colonies）認為從印度徵募士兵似乎更為便宜，但他發現軒尼詩與殖民地防務委員會對徵募華兵持同樣態度，因此他把軒尼詩的意見轉發陸軍部。[12] 陸軍部亦向正前往香港履新的駐華陸軍司令唐樂文中將（Edward Donovan）提到此事。他一抵達殖民地後，即和軒尼詩討論徵用華兵的可能性。軒尼詩在 6 月底向殖民地部報告：「徵用華兵的事似乎引起了唐樂文將軍的興趣。他抵埗後和我討論這個殖民地並無足夠兵力應付入侵時，曾提出如有一隊忠心的本土部隊協助操作大砲，將對守軍大有助益。我亦發現在香港和華人相處已有四年經驗的巴山路上校（Alfred Bassano）對華人的軍事潛力頗有寄望。他認為在香港徵募的華人可組成華人軍團，（華兵）將會比其他殖民地士兵更為沉靜、服從、而且可以接受嚴格的紀律。這些團隊可以以普通的長期服役制度處理，並給予適量的退休金。除了可以解決我們短期的防衛需要外，這些士兵回到中國社會後，將可協助擴大英國在中國的影響力。」[13]

7 月，軒尼詩又再提及此事，指此舉可避免英國士兵進駐香港後，被「天氣及酒色財氣」所害。[14] 軒尼詩雖然強調瞭解中國人的英軍軍官及官員會同意他的建議，但反對徵用華兵的官員當中，亦不乏對中國人及其文化有一定認識者。外相梳貝利侯爵（Marquis of Salisbury）為華兵問題向已居住中國近 40 年、發明威妥瑪拼音（Wade–Giles System）、協助成立中國海關的駐華公使（Minister to China）威妥瑪（Thomas Wade[15]）查詢。威氏反對以華人駐守香港，反建議在南洋招募華兵前往印度服役。他寫道：[16]

　　我並不懷疑他們（華兵）會前來投效，但我並不樂見香港徵用華兵。如果中英政府之間出現誤會，他們將變得不可靠。

（華兵）他們的家人均居住在中國沿海地區；只要廣東政府一聲令下，他們都得返回中國，否則其家人將受威脅……就算在和平時期，我預期如果紀律過嚴，將會有大量逃兵，中國政府亦不會把逃兵送回……（而且）在中國海岸兩里之內徵募華兵，必將使中國政府甚為不滿……因此，我反對在香港徵兵，以及徵募華兵這個想法，除非只是在香港徵募少量華人。

可是，我樂見政府在距離香港一段距離的地方徵募華兵。如由英軍供養和率領，他們將是最好的士兵。十五年前，我曾向我的上司卜魯斯（Sir Phillip Bruce，英國駐華大使）提出徵募華兵在印度服役，退役後遣回中國成為其現代化軍隊的骨幹。可是，這個想法似乎對總理衙門而言太前衛了，就算當時官員們非常需要外國援助應付太平天國（他們亦拒絕了這個方案）……可是，我認為我們可以利用海峽殖民地（新加坡、馬六甲、曼絨以及檳城）為徵兵基地……

我從華人到美國的移民中得到啟發……大量前往該地的華人是合約僱工或受僱於中國僱主。他們成千上萬地乘坐神奇的蒸汽船穿梭於太平洋……我絕不懷疑可以透過中國中間人徵募數百名華兵到印度或其他地方服役。

他們將是最好的士兵，但我認為如沒有歐籍人員與之同在，他們並不可靠，因此所有彈藥以及軍備應由後者控制。如果在香港忽略此一點，將可能引起嚴重的後果。

由於威妥瑪的反對，陸軍部猶豫應否徵用華兵。[17] 1879 年 6 月，殖民地部指示軒尼詩成立工作小組討論此事。軒尼詩隨即成立由駐港工兵司令史都華中校（William Stuart）、砲兵司令賀爾中校（Hall）、因尼士基靈燧發槍團第 1 營（1st Bn. Inniskilling Fusiliers）

營長吉地士中校（Andrew Geddes）、港府署理財政司杜老誌（Malcolm Tonnochy）、裁判官結里雅（Charles Creagh）組成的委員會。軒尼詩在 1880 年初提交報告時指出，香港的駐軍（時有 1,200 人）最少要增加五倍才可以保護香港，因此需要徵用華兵。[18] 委員會認為可以進行小規模的試驗，並指出應該集中徵募客家人，因他們是華人當中最「強壯、聰明、而且獨立於中國政府和其他華人」的群體。試驗部隊的規模應為一連（約 100 人），由英籍軍官率領，以印軍操法訓練，並利用他們與其他英印步兵一樣擔任保護砲台和抵抗敵軍登陸等任務。委員會又特地列出華兵一連的給養、被服、武器等開支約為一年 3,000 鎊。至於當時一連錫克士兵的支出，則為每年約 3,875 鎊。[19] 可見節省開支是支持徵用華兵者的其中一個主要理據。

雖然軒尼詩不斷推動組建華人部隊，但原本支持成立華人軍團的唐樂文中將於視察駐港英軍營房後卻轉而反對計劃。他認為華人生活習慣不衛生，有損英兵健康，更提出把港島華人人口儘量減少，以減輕對英國駐軍的危害。[20] 另一方面，皇家海軍的中國艦隊司令古德（Adm. Robert Coote）卻支持軒尼詩的計劃，指香港的客家人口可提供優良的士兵。[21] 當時皇家海軍在亞洲的軍艦上已有華籍水兵服役（詳見下節）。

1880 年 7 月，對華人軍團一事仍未死心的軒尼詩趁以組織常勝軍聞名中英的哥頓上校路經香港，邀請他出任華人軍團司令，又請他評論香港防務。「中國哥頓」即為軒尼詩草擬一封長信轉交倫敦。哥頓在信中建議利用中國箝制俄國，為此必須決心援助清政府，向其提供武器，更應於必要時犧牲鴉片貿易。他認為香港當時無防備可言，有必要徹底改善，同時要成立華人部隊。野心勃勃的哥頓希望再次成立私軍，他建議道：

我建議先成立一隊核心部隊。如由機智的指揮官帶領，他們完全可靠。他們在某些方面要比歐籍士兵需要更多管束，但某些方面則可較少。每名士兵須有兩名擔保人。不論是否已婚，必須容許他們帶上女伴。

我的計劃在任何正規軍將官手上都會失敗……我從未見過適合指揮外籍士兵的將官……我建議先徵募 250 名華人，我會聘用數名外籍教官，但不會選擇那些欺侮不識英語者的人。士官將全是中國人。最初的目標是培訓 1,000 人的部隊，其中有 100 至 200 名砲兵。

我們（英軍）訓練中最喜歡的那些「鵝步、向左看、向右看」等垃圾將不在訓練範疇內。

如果核心部隊順利建立，則閣下可以在短時間內得到無數優良士兵，以擺脫那些可憐兮兮的「朱古力傭兵」（chocolate sepoys）以及所謂種姓（caste）問題。[22]

可是，哥頓藉華人軍團實踐其野心和理想的計劃無疾而終，因為陸軍總司令劍橋公爵在 1880 年 6 月底已決定放棄組織華人軍團，又決定香港防衛軍必須全由歐洲人組成。他又決定即使徵募亞裔輔助兵，應先考慮印人、馬來人，最後才可徵募極少數華人。[23] 華人軍團之議，至 1930 年代末期才成為事實。

水兵「亞醒」：早期華人水兵

雖然有關應否徵用華兵的討論一直不斷，可是英國商船早已有不少華人擔任水手，但有關他們生涯的資料則極難找到。例如，曾有一上海孤兒被快船（Clipper）卡蒂薩克號（Cutty Sark）船長收養，

名為占士笠臣（James Robson），他曾於 1880 年代在養父的船上工作。[24] 與此同時，亦有華人水兵在皇家海軍的軍艦上工作。在 1861 年的英國人口普查（1861 Census）中，最少可發現 30 多名華人正在九艘皇家海軍的艦隻上工作。他們大多在皇家海軍派駐中國的小型砲艇上服務，例如駐香港的金龜號（HMS Cockchafer）。金龜號屬於大青花魚級（Albacore class），全木造，擁有一台蒸汽發動機，排水量只有約 230 噸，備有三至四門小型火砲，最大的火砲為一門 68 磅砲。[25] 這些小船本為克里米亞戰爭時緊急建造的砲艇，戰後則用於防衛各海外殖民地。香港亦獲派數艘，另外有數艦在廣州、上海附近，一方面支援英國的砲艦外交，另一方面則用作保護僑民或撤僑之用。

這 30 多名水兵大多來自香港或鄰近廣東地區，但亦有數名來自寧波、上海及新加坡。他們全部在人口普查的紀錄中並無姓氏和全名，只有以「亞」（A/Ah）開首的名稱，如「亞華」（Awha）、「亞平」（Aping）、「亞醒」（Asing）、「亞丁」（Ating）等。不少華兵以籍貫描述自己的出生地，例如廣州、南頭等，但部份華兵的出生地只填上「中國」。從皇家海軍對華人水兵的稱呼，可見他們似乎只被視為助手甚至隨從。在眾多華人水兵中，有一名叫「莊阿偉」（John Arwei）的在寧波出生，時年 23 歲，在揚子江上一艘小砲艇上服役，是艦長的管事員（steward）。[26] 他擁有英文名字，顯示他可能已經受浸成為教徒。其餘大部份水兵的年紀都是 20 多歲，年紀最大者為金龜號上的「亞華」，生於 1822 年（39 歲），是船上的木工（shipwright）。[27] 由於砲艇全為木造，要依賴熟練的木工維修。各人的職級分為水兵（ordinary seaman）、司爐（stoker）、木工、技師幫辦（engineer servant）、管事員，以及不足 17 歲的童兵（boy）。當時，大部份華人皇家海軍水兵都是負責雜務、煮食等工作，這個

傳統一直延續至 1990 年代。這批 1861 年被記錄下來的水兵並非正式水兵，因此沒有制服，而且他們的薪水均由英籍軍官自行負責。[28]

在 1881 年的人口普查中，華人水兵的數量增至 73 人，除了不少水兵的全名被紀錄下來以外，其職級亦有所不同。例如，24 歲的王山（Wong San）在駐守香港的護衛艦庫拉索號（HMS Curacoa）上任職軍官廳助理廚師（Ward Assistant Cook）。[29] 可見，雖然華人水兵大多是負責支援和後勤的工作，但亦有專業的職級。庫拉索號並非 1860 年代的小型砲艦，而是排水量近 2,400 噸的護衛艦，備有十多門 6 吋重砲。[30] 此外，水兵亞球（Akow）更在排水量達 6,000 多噸的鐵甲戰列艦鐵公爵號（HMS Iron Duke）上服役，擔任艦長的隨從。[31] 該艦當時是皇家海軍中國艦隊的旗艦。這些重型軍艦並不會長期留守香港等港口，而是不時來往於各皇家海軍基地。由此可以推斷這些華人水兵亦會隨船到達不同地方。

在 1905 年，皇家海軍成立「華人海軍分隊」（China Naval Division），把華人水兵納入皇家海軍的編制，初期共有 70 人，包括水兵、管事部和工程人員。他們兵籍號碼為英文字母「O」字頭，至 1947 年已有約 2,000 人曾經成為華人海軍分隊的水兵。例如，該年入伍的水兵鄭文英的號碼是「O1980」。[32] 在 1911 年，共有 113 名華人水兵在數十艘皇家海軍軍艦上工作，他們絕大部份是各級管事員，亦有少量翻譯，年齡大多 20 多歲。[33] 與此同時，該年共有 2,000 名華人在英國商船上擔任水手。[34]

根據「帝國戰爭公墓委員會」（Imperial War Graves Commission，後稱英聯邦戰爭公墓委員會）於 1931 年完成的調查，在第一次世界大戰期間，共有 23 名皇家海軍的華人水兵因戰鬥、意外以及疾病死亡，其中有六人在香港去世，當中最高級者為 1914 年 8 月去世的陳全（Chan Chun），官至二級准尉，可見當時華人

香港的皇家海軍船塢，20世紀初（周家建博士提供）

在皇家海軍中已有晉升階梯。[35] 這些正規水兵在各式軍艦服役，例如排水量近萬噸、擁有 7 門 7.5 吋重砲的重巡洋艦鶴健士號（HMS Hawkins），排水量 1,700 噸的三等巡洋艦敏捷號（HMS Alacrity），以商船加裝火砲而成的「輔助巡洋艦」（Auxillary Cruisers）亞洲女皇號（Empress of Asia）、日本女皇號（Empress of Japan）及俄國女皇號（Empress of Russia）等。華人水兵除了是管事部人員外，亦有在鍋爐運煤炭的扒炭工（trimmer）和負責把煤炭剷進鍋爐的司爐（stoker，或稱 fireman）。[36] 當時只有少部份新型軍艦如鶴健士號一樣，以重油為燃料，因此需要大量人員為船隻的鍋爐加煤，以維持發動機運作。在鍋爐工作會不斷吸入煤炭，是一項雖然摧殘身體，但卻是必須的工作。而且，鍋爐接近船隻的底部，如在該處工作時船隻中雷，海水湧入，生存機會可謂微乎其微。這些不能在歷史有自己聲音的華人水兵，實際上肩負了極其重要而且危險，但卻常被忽略的工作。

此外，有數千華人（大多為香港或華南海員）曾於英國的商船隊（Merchant Marine）中服務，他們的船隻全無武裝，船身亦無裝甲保護，遇上德軍的巡洋艦或潛艇時只能坐以待斃。在戰爭期間，一共有至少 535 人在 77 艘船上死亡，這些船隻絕大部份是被德軍巡洋艦的砲火、潛艇的魚雷或水雷擊沉，而犧牲的不少華員都是在鍋爐工作的人員。此外，尚有不少死者的名字和詳細資料已不可考。[37]

華人水雷砲兵與工兵

1861 至 1878 年間，駐港英國陸軍只以白種人和印度人構成。這個情況的改變，多少是由於英國政府希望一方面節省軍事開支，同時又要應付外來威脅。由於俄、法兩國相繼在亞洲獲得立足點（法

國在 1880 年代佔穩中南半島、俄國則於東北亞地區擴張），勢力日漸增強，英國政府對香港、新加坡等重要殖民地港口的防務更為重視。自 1885 年起，英國軍方與香港政府在港興建大量砲台與防禦設施，最重要的包括鯉魚門要塞、白沙灣砲台等。除了砲台以外，英軍亦在各重要港口佈置水雷，以抵擋法俄軍艦。

當時，英軍的水雷佈置工作由陸軍負責，其水雷隊（Submarine Mining Service）於 1871 年成立，隸屬於皇家工兵團。此外，英軍亦於各地徵募「義勇水雷砲兵」（Volunteer Submarine Miners）。[38]1878 年起，皇家工兵派遣水雷砲兵前往香港、錫蘭以及新加坡，並於三地招募少量當地人為幫辦，故華人再次加入英國陸軍。自 1878 年以來，三地的水雷砲兵均會前往新加坡會操，而當時華人幫辦的效率「使人留下深刻印象」。[39] 可是，由於劍橋公爵曾否決招募華兵，因此這些華人幫辦未有成為正式士兵。

鑑於英國政府計劃重新武裝包括香港等重要海外港口，水雷隊需要大規模擴充。可是，在各海外基地配備水雷本已所費不菲，如再要徵召大量英籍技術人員在各殖民地專門照料水雷，不但浪費人力（該等人員除了照料水雷以外並無其他任務），而且勢將增加軍費開支，以支付英籍水雷兵的海外津貼，以及為他們準備食宿、康樂、甚至家庭宿舍。因此，在 1885 年，麼利勳爵（Lord Morley）率領委員會研究改革皇家工兵，提出應該徵用馬來人作為英屬亞洲港口的水雷砲兵，以節省開支。[40]

1886 年底，「東方水雷砲營」（Eastern Battalion of Submarine Miners）成立，於香港、新加坡、錫蘭等地設立連隊。同年，「香港水雷砲連」（Hong Kong Company of Submarine Miners）成立，有英籍骨幹人員和華人幫辦。水雷砲營本打算訓練馬來人為水雷砲兵，因他們多具備操作小艇的經驗，而且泳術優良，但他們絕大多數均

不願離鄉前往香港、錫蘭、毛里裘斯（Mauritius）等地，招兵計劃因而流產。水雷砲營的司令亦於錫蘭和毛里裘斯兩地招募本地人為水雷砲兵後，即解散營隊的司令部。其時，香港水雷砲連已有數十名非正式的華人幫辦。在英軍正式把部隊中的華兵轉為正規士兵前，所有華人均由一名叫「張朋蘇」（Cheong Peng Sow）的香港華人負責他們的工資以及行政、紀律的工作，如華兵犯事，由張氏負責扣除其工資。水雷砲兵的兵源大多來自香港或珠江三角洲的蜑家人或客家人。[41]

1890 年初，殖民地部長諾士佛子爵（Viscount Kuntsford）致函香港政府，稱英國軍方打算自 1891 年起徵募 53 名華人水雷砲兵，其中包括 3 名軍官、4 名士官和 46 名士兵。另外，英軍亦打算增聘印度砲手（gun lascars），使之增至 440 人。[42]可見，在香港駐軍中，英、印部隊仍佔絕大多數。在 1891 年 8 月 1 日正式招攬華人時，定員為 70 人。最初部隊共有 50 人，由張朋蘇指揮，他亦被擢升為印軍上士（Havildar Major）。在 1900 年，該部擴充至 5 名軍官和 179名士兵。[43]當時英軍另一華人部隊為「威海衛華人團」（Wei-hai-wei Chinese Regiment），共有 17 名軍官和 160 名士兵。

華人水雷砲兵共有六個等級，最高可成為印軍一級准尉（Subedars），其職級與薪酬福利與印兵相同，但比英軍略較少。水雷砲兵使用印軍軍階是因為負責訓練者為印軍士官。此舉在當時頗令華兵不滿，但直至 1930 年代才被廢止，重新使用英軍軍階。[44]在 1899年，一名華人印軍下士（Naik）每日薪水為港元 30 仙（cents）。[45]有關華兵的薪金與軍階，詳見右頁表 2。

1897 年參加維多利亞女皇鑽禧紀念活動的華人水雷砲兵。圖左為百慕達皇家砲兵人員（The Sketer, 7/7/1897/Under Every Leaf Facebook Page）

表 2：華人水雷砲兵月薪（1899）

職位	薪金（港元）
印軍一級准尉（Subedar）	50.0
印軍二級准尉（Jemadar）	40.0
印軍上士（Havildar major）	19.8
印軍中士（Havildar）	12.3
印軍下士（Naik）	9.0
號手（Bugler）	8.1
工兵（Sapper）	8.1
16 歲以下的士兵（Boy）	6.6

華人水雷砲兵，1898 年（*Navy and Army Illustrated*）

煙標上的香港水雷砲連士兵形象，1900 年
（周家建博士提供）

　　當時，一個普通勞工的工資約為每月 8 元，可見資深水雷砲兵的待遇尚算不錯。[46] 華兵與其他英印兵一樣，最多可服役 22 年，首 12 年為固定的服役期，其後可選擇退伍，或以每年合約方式繼續服役。至 1941 年，服役年期最長的水雷砲兵曾當兵 25 年。如因為照顧年邁家人或傷殘等理由而提前退出，則毋須繳納 12 鎊的「贖身費」（discharge purchase），但需要將官（即駐港英軍司令）核准。[47] 如華兵服役滿十年，則可獲相等一年薪金的額外獎金，再服役五年，再可獲得半年額外的薪金。退役後，華兵亦將獲得少量退休金（pension）。[48] 可見，19 世紀末的華人水雷砲兵得益於英國陸軍自 1868 年的制度改革，未有被棄如敝屣，而是享有一定的長期服役和退伍安排。

　　華人水雷砲兵的制服與當時的香港華人警察（俗稱「大頭綠

衣」）類似，他們頭戴與廣東苦力隊一樣的竹笠帽，身穿淺藍色中式制服，顏色與華警稍有不同，沒有銅鈕和白邊，但加上肩章。華警的竹笠帽有皇冠徽號，水雷砲兵則沒有。華警多穿布鞋，但現存照片中水雷砲兵則穿上黑色皮鞋。水雷砲兵亦佩帶短劍，此亦為華警所無者。相中華兵神態頗為拘謹，似尚未習慣鏡頭。除了衣着外，他們外觀上與其他英軍最大的分別是他們沒有蓄鬚。鬚當時是軍人剛陽氣的象徵，法國陸軍甚至規定軍人必須蓄鬚。在新帝國主義和種族主義的氛圍下，英人對華人或其他有色人種的優越感和歧視特別嚴重，和以往對中國人的好奇和敬佩心態不同，尤其華人並非英人所公認的「勇武民族」，故此英人對華兵頗以獵奇心態看待。在1898 年的《海陸軍畫報》（*Navy and Army Illustrated*）中，編者以華人貶稱「中國佬約翰」（John Chinaman）稱呼華兵，又批評他們的中式制服：「（他們的制服）談不上雅觀；他們的小腿穿上看來像綁腿的白色長襪，怎樣說都不像是醒目的制服。不過，既然他們大多在水面上工作，他們看來像士兵而非水手亦頗為合理。可是，我們始終認為可以為他們設計更醒目的制服。」[49]

香港報紙《士蔑報》（*The Hong Kong Telegraph*）曾於 1896 年 10月 14 日刊登以下評論：「香港人（Hongkongites）應感到驕傲，因他們擁有英軍之中唯一一支身穿絲綢的部隊。這個榮譽屬於本地的華人工兵（sappers），他們的正裝（full dress）即以此物料製造。」[50]絲綢一物，與維多利亞時代英國人對男性的想像格格不入。強調華兵使用絲質正裝，撰寫此文者有意無意地強化當時的以「勇武」為標準之一，以白人為最高級、部份印人次之、華人及其他種族最低的種族階梯。決定華兵使用絲質衣物的軍方人員是否亦根據盛行對華人的想像而作出此安排，還是出於絲綢在華人世界是高級衣料而認為適合？這個問題因為缺乏資料而無從稽考。

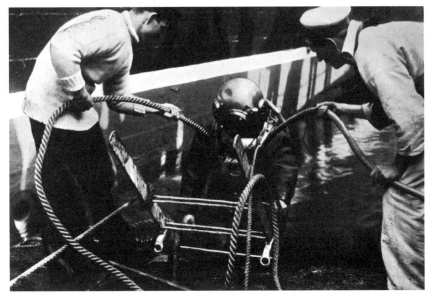

工作中的英軍潛水夫，1898 年（*Navy and Army Illustrated*）

另一方面，並非所有英人均歧視華籍英兵。例如，紐西蘭英文報紙《星報》（*The Star*）在 1900 年這樣描述香港的水雷砲兵：[51]

> 如果由正直、誠實、有為的領袖率領，有充足的裝備，以及完整的組織，他們（華人）將可成為世界上最好的軍隊⋯⋯在香港，現時有一隊優秀的水雷砲兵支援守軍，而英國軍官亦正於威海衛組建一隊英姿颯爽、富有軍人氣息的團隊。

可是，這篇評論的作者詳細討論「中國哥頓」如何以一人之力把常勝軍訓練成勁旅，又指出華兵偏愛接受英國軍官的率領，似仍有意無意強調英籍軍人的優越性，以及華兵的從屬地位。

在 20 世紀初，水雷是頗為複雜的武器。當時的水雷由一大鋼鏈

繫上沉子（sinker），在淺海中漂浮，分為「電控」和「機械」兩種，前者由電纜從遠距離控制，後者則於船隻碰觸時引爆。[52] 放置、檢查、維修水雷均需要潛水夫負責。華人水雷砲兵的工作並非擔任潛水夫，而是協助潛水夫搬運及維修工具和水雷，並擔任船夫。[53] 嚴格而言，水雷砲兵並非戰鬥人員，而是軍隊中的技術兵種。華人水雷砲兵只負責水雷的工作，安裝於鯉魚門要塞的英軍秘密武器「布倫南魚雷」（Brennan Torpedo）則全由英籍人員操作。根據 1897 年的《香港防衛計劃》，布倫南魚雷隸屬皇家工兵的水雷砲組（Submarine-Mining Section），由水雷砲司令（Officer Commanding, Submarine-Mining）兼任魚雷官（Station Torpedo Officer），屬下有 12 名英兵，包括控制發動機組的士兵。[54]

　　雖然部份英人對華兵的制服頗有意見，而且未有讓他們操作屬於最高機密的布倫南魚雷，但軍方對他們的儀容、效率以及紀律似乎頗有信心。在 1888 至 1891 年間指揮水雷砲兵的退休工兵准將麥當奴（George MacDonogh）回憶，華兵（當時仍非正式軍人）的紀律極佳。當時如果華兵違反軍規，一般只會被罰款，最重的懲罰是開除出隊。麥當奴寫道：「他們極有效率，而且紀律嚴明，在我指揮該部三年的經驗中，我不曾記得與他們出現過麻煩。」麥氏提及他曾經對華兵施行的最重懲罰是下令當眾焚燒一名華兵的工資，因此他要向滙豐銀行報告那個號碼的紙幣已被燒掉。在 1901 到 1904 年間指揮水雷砲兵的布朗（William Baker Brown）亦「完全同意麥氏對華人水雷砲兵的看法」。[55] 麥當奴對華兵的體格和能力印象深刻：

　　　　他們對工作非常在行，我們不時發現他們教導英籍工兵接駁電纜或打繩結。他們體格甚為壯健，利用擔挑移動水雷或沉

子的能力更非歐洲人可以比擬。在每年的水雷砲演習時，他們的強健體魄更為明顯。當時，我們通常會僱用額外的苦力協助，但他們都非常貧窮，而且營養不良，因此他們只能負責搬運重物，而四個苦力只能負責兩個華兵的工作……

除了以上的優點外，他們都非常善泳。在 1889 年夏季，香港政府要求我炸毀博加拉石（Bokhara Rock），以加深鯉魚門的水深。我們把 1,000 磅炸藥繫上石頭的頂端。梭倫號（Solent）點火引爆時，海上浮起大量顏色鮮艷的魚，有些已經死去，有些只受了些驚嚇。我手下的華兵按捺不住，紛紛跳入海中撈魚。我以為再也不會看見他們，因此跳上梭倫號的小艇，和鶴健士下士緊張地花了 30 分鐘把人和魚都打撈上來。[56]

由於駐港英軍對華人水雷砲兵的表現和紀律一直頗為滿意，水雷砲兵曾參與 1897 年維多利亞女皇登基 60 週年的鑽禧慶祝典禮（Diamond Jubilee）。當時，水雷砲兵連的代表有六人，全為華兵，分別為馮亞有下士（Fung A Yau）、鍾亞樂下士（Chung A Lok）、工兵李伍發（Li Ng Fat）、范覺（Fan Kok）、戴奇（Tai Kee）以及錢亞源（Chin A Yuen）。名冊亦附上他們的兵籍號碼，號碼最小者是 16 號的戴奇，可能是最早在 1891 年入伍的華兵之一。[57]

香港華人水雷砲兵連已被完全遺忘，但它曾參與 1899 年的新界戰役和 1900 年的義和團之役。當時，清政府內部分裂，對義和團剿撫不定，但清廷的激進派和慈禧太后決定對列強宣戰，由榮祿的武衛軍與義和團圍攻北京的列強使館區。列強最初組織由英國中國艦隊司令西摩中將（Edward Seymour）率領的部隊嘗試解圍，但部隊進至天津附近後即停滯不前。使館被圍的消息傳到香港後，駐港英軍在 1900 年 6 月派出一隊近 300 人的分隊前往天津，其工兵部份即

由香港水雷砲連的華兵組成。由於英印軍的工兵部隊來不及參戰，香港水雷砲連的分隊遂全程參與解圍使館區的行動。[58] 其後，各國援軍抵達，由英將賈士禮（Alfred Gaselee）率領攻入北京解救使館區。[59] 據戰後紀錄，水雷砲兵連參戰官兵共 18 人，除了英籍中尉連長以及兩名英兵外，其餘全為華人。官階最高者為士官黎人蘇（Ly Yen So）和楊保（Yeong Bow），前者兵籍號碼為 15 號。戰後，各人獲得「1900 年中國戰役勳章」（China Medal 1900），但其中一人在回港的船上病死。[60]

1902 年英皇愛德華七世登基時，香港駐軍亦曾派出六名華人水雷砲兵，連同 14 名威海衛團的華兵和駐港英軍其他代表一同前往倫敦參加登基巡遊。駐港英國陸軍司令，曾負責指揮英軍佔領新界的加士居少將（William Gascoigne）於歡送代表團時，曾稱讚水雷砲兵在新界戰鬥中表現出色，而且與其他部隊合作無間。[61]

現時有關華人水雷砲兵的史料僅少，我們只能從旁瞭解他們的工作、生活以及待遇。1897 年 9 月，駐港英軍在美利兵房的圖書館成立臨時軍事法庭，審訊一個名為「楊範」（Yeung Fan）的華人水雷砲兵中士。軍事法庭由三名軍官組成，最高級別者為少校，由水雷砲兵連連長兼任檢控官，楊氏則另由孖士打律師行（Johnson Stokes & Master）的律師擔任辯護律師。軍事法庭控告楊範以其官職向其他華兵勒索金錢。控方的八名證人均指控楊範曾要求他們向他提供港幣一元到三元，合作者可以工作順利，否則他們「將有麻煩」。新兵們不堪苛索，最後向連長直接報告。後者調查後把楊範送交軍事法庭。辯方亦召來五名證人，聲稱此事純為捏造。法庭審訊一日後休庭，然後法官於另一日宣判楊範罪名成立，即時收押，由駐港英國陸軍司令決定刑期。在量刑期間，楊範的指揮官供稱楊氏無犯罪紀錄，服役長達六年，曾任職印軍下士，然後曾任印軍上

士，最後成為英軍中士。

從以上案例可見，雖然當時種族歧視嚴重，但英國軍方在司法方面尚能公平對待華兵。就華兵使用印軍階級一事而言，可以看出英國軍方對白種人和有色人種士兵待遇不同，但楊範從軍六年已晉升三次，可見華兵在水雷砲營不乏升遷階梯。審訊期間，英籍連長既是舉報者，又是上司，還是檢控官，角色重疊，但楊氏仍有辯方律師協助，更有機會安排辯方證人。另一方面，被勒索的華兵可向英籍軍官申訴，後者亦曾作出具體調查，可見華兵對軍官有一定的信任，而後者亦有顧及華兵的需要。**62**

1905 年，日俄戰爭以日本勝利告終，英國政府遂決定減少香港駐軍和砲台，並裁撤了香港的水雷裝備。與此同時，皇家工兵將其港口佈雷工作交由皇家海軍負責，香港水雷砲兵連亦因此解散，所有華兵均被編入新組成的第 40 要塞工兵連（40th Fortress Company, RE），但該隊仍繼續招募華兵，人員一直維持在約 70 人，直至 1936 年英軍擴大徵募華兵為止。

一次大戰的華人勞工隊

在第一次世界大戰期間，除了上述的華人水兵和船員外，英國陸軍亦曾經徵募香港華人擔任各式輔助部隊，在全球各地支援協約國對德國、奧地利和土耳其等國的戰爭。當時，華人水雷砲兵所屬的第 40 要塞工兵連在戰爭期間一直留在香港，未有前往歐洲或中東作戰。1914 至 1915 年間，香港曾短暫興建了橫跨九龍半島的「油麻地防線」，該條防線可算是九龍首次出現的系統工事，工程即由駐華皇家工兵司令部（RE China Command）計劃，由留守香港的第 40 要塞工兵連負責興建。此外，駐港英軍在九龍山脊的碉堡等小型

工事亦由該部負責。[63] 因此，雖然華人工兵不再負責有關水雷的工作，他們在此時亦參與了香港部份防禦工事的建設。

自 1917 年以來，英國陸軍的中國勞工團（Chinese Labour Corps）從中國招募逾 100,000 人在歐洲為協約國軍擔任各種後勤工作。勞工團的成員大多來自華北地區以及上海。[64] 另一方面，早於 1916 年，印度陸軍後勤工程隊（Indian Military Works Services）和皇家工兵的內陸水上運輸隊（Inland Water Transport）已開始在香港招募華工，並把他們送往伊拉克（時稱米索不達米亞）前線。為擊敗 1914 年底參戰的鄂圖曼土耳其，英軍在 1915 年初即從印度派兵前往伊拉克南部登陸，佔領控制阿拉伯河的重鎮巴士拉（Basra），然後沿河前進，威脅巴格達。可是，由於補給困難，有一支逾萬人的英印部隊被圍困於巴格達和巴士拉途中的吉鎮（Kut）。英軍多次解圍失敗後，該部最後於 1916 年 4 月投降。吉鎮戰敗後，英印軍銳意加強在巴士拉和阿拉伯河的後勤設施，因此徵用了大量香港華人前往該地工作，包括修築道路和鐵路、協助裝卸物資，以及駕駛運輸船隻。至 1918 年 10 月，該地華人後勤人員共有 6,000 人，大部份由香港華工組成，他們行政上屬於印度陸軍和皇家工兵，與歐洲的華工團有別。[65]

據帝國戰爭公墓委員會調查，早於 1916 年 5 月已有華工在伊拉克逝世，死者隸屬印度陸軍後勤工程隊，職稱為工匠（artisan）。[66] 在戰爭期間，一共有 384 名香港華工在伊拉克為協約國擔任後勤人員時死亡，他們包括工匠、管工（foreman）、廚師以及翻譯人員。其中皇家工兵死者 239 人、華人搬運隊（Chinese Porter Corps）55 人、港口行政及河道保護處（Port Administration and River Conservancy Department）33 人、印度陸軍後勤工程隊 27 人、英印海軍（Royal Indian Marine）14 人、印度鐵路部 13 人、印軍勞工隊（Indian

Labour Corps）3 人。[67] 英國在 1931 年為這些死者，以及於海上遇難的華人水兵和海員在香港動植物公園興建一個集體墓園，並有牌樓一座，以為紀念。

　　與華人水兵一樣，這些華人工兵和後勤人員並非戰鬥人員，而且只有極少數因戰鬥行動而死亡，加上他們身處次要的戰場，因此幾被遺忘。可是，他們和第二次鴉片戰爭期間的華人苦力團一樣，其工作使英軍得以在陌生的環境中長期作戰，對協約國的勝利不無貢獻。

小結

　　1860 年代以來，華人開始在英國海陸軍中服役。其時，英軍在亞洲逐步站穩腳跟，但倫敦並不願意為亞洲駐軍支付龐大開支，英軍遂以亞洲士兵取代部份英籍人員。最初，華兵只負責雜務，甚至沒有在紀錄中留下全名。在 1891 年，香港水雷砲兵連成立，是為第一個香港華兵的正式部隊，「水雷砲」一名亦沿用至 1997 年。至 1905 年，華人水兵亦正式成為皇家海軍的一員。在第一次世界大戰期間，雖然華人士兵並無直接參戰，但他們亦有負責保衛香港，並協助興建防禦工事。同時，香港及廣東地區有數千名華工前往中東地區為英軍擔任勞工隊，使英軍得以在交通落後的米索不達米亞作戰。此外，尚有數千名華人海員在英國和協約國的商船上工作，其中更有數百人死亡。與來自華北和華中地區，在歐洲工作的華工一樣，香港華人對協約國的勝利亦有一定貢獻，但他們的經歷卻大多被人遺忘。

1　Andrew Wilson, *The "Ever-Victorious Army": A History of the Chinese Campaign under Lt. Col. C. G. Gordon, C.B. R.E and of the Suppression of the Tai-ping Rebellion* (London: William Blackwood and Sons, 1868), p. 137.

2　兩段引文見 Li Shang-Jen, "Eating Well in China: Diet and Hygine in Nineteenth-Century Treaty Ports," Angela Leung Ko Che and Charlotte Furth, *Health and Hygiene in Chinese East Asia: Policies and Publics in the Long Twentieth Century* (Durham, N.C.: Duke University Press, 2010), pp. 119-120, 122。

3　David Field Rennie, *British Arms in North China and Japan*, pp. 123-124.

4　David Field Rennie, p. 123.

5　王爾敏，《淮軍志》（台北：中國學術著作獎助委員會，1967），頁 50-54。

6　Andrew Wilson, p. 126.

7　Andrew Wilson, p. 127.

8　Andrew Wilson, p. 137.

9　Irish University Press Area Studies Series, *British Parliamentary Papers: China*, Vol. 28 (Shannon: Irish University Press, 1971-1972), p. 90.

10　"Report of a Colonial Defence Committee on the Temporary Defences of the Cape of Good Hope, Mauritius, Ceylon, Singapore and Hong Kong," 4/1878, CAB 7/1.

11　"Governor Hennessy, C. M. G., to the Right Hon. Sir M. E. Hicks Beach," 24/5/1878, "Further Correspondence," CAB 7/1, p. 125.

12　"Colonial Office to Admiral Sir A. Milne," 17/7/1878, "Further Correspondence," CAB 7/1, p. 127.

13　"Governor Hennessy, C. M. G., to the Right Hon. Sir M. E. Hicks Beach," 13/6/1878, "Further Correspondence," CAB 7/1, p. 145.

14　"Governor Hennessy, C. M. G., to the Right Hon. Sir M. E. Hicks Beach," 16/7/1878, "Further Correspondence," CAB 7/1, p. 173.

15　他其後出任劍橋大學首位漢學教授。

16　"Foreign Office to Colonial Office," 17/10/1878, "Further Correspondence," CAB 7/1, pp. 194-195.

17　"War Office to Colonial Office," 8/1/1879, "Further Correspondence," CAB 7/1, p. 2; "Colonial Office to War Office," 8/2/1879, "Further Correspondence," CAB 7/1, p. 10; "War Office to Colonial Office," 19/4/1879, "Further Correspondence," CAB 7/1, p. 23.

18　"Governor Hennessy to Sir Hicks Beach," 3/2/1880, CAB 7/4, pp. 299-301.

19 "Report of Hennessy," 17/2/1880, CAB 7/4, pp. 303-304.

20 "Governor Hennessy to Sir M. Hicks Beach," 6/3/1880, CAB 7/4, p. 302.

21 "Governor Hennessy to Sir M. Hicks Beach," 16/3/1880, CAB 7/4, p. 306.

22 "Colonel Gordon to Governor Sir J. P. Hennessy," 4/7/1880, CAB 7/4, pp. 309-310.

23 "War Office to Colonial Office," 30/6/1880, "Further Correspondence," CAB 7/1, p. 308.

24 「卡蒂薩克號上的中國面孔」,《光華》(1995),第 20 卷,頁 124。

25 68 Pounder,英軍的舊式前膛砲以彈重計算;68 磅砲即為發射 68 磅砲彈的火砲。

26 1861 Census, Class: RG 9; Piece: 4438; Folio: 120, p. 2.

27 1861 Census, Class: RG 9; Piece: 4434; Folio: 32, p. 6.

28 "The Hong Kong Chinese Naval Division," Royal Navy, Hong Kong, c. 1990, p. 1.

29 1881 Census, Class: RG11; Piece: 5638; Folio: 88, p. 11.

30 David Lyon and Rif Winfield, *The Sail & Steam Navy List: all the Ships of the Royal Navy, 1815-1889* (London: Chatham, 2004), p. 273.

31 1881 Census, Class: RG11; Piece: 5639; Folio: 87, p. 19.

32 鄭文英先生訪問,2013 年 11 月 29 日。

33 統計自 1911 Census 數字。

34 *The Register of the Hong Kong Memorial: Commemorating the Chinese of the Merchant Navy and Others in British Service who Died in the Great War and Whose Graves Are Not Known* (London: Imperial War Graves Commission, 1931), p. 2.

35 Ibid, p. 4.

36 Ibid.

37 Ibid.

38 William Baker Brown, *History of Submarine Mining in the British Army* (Chatham: Royal Engineers Institute, 1910).

39 W. Baker-Brwon, "Eastern Battalion, RE," *in The Royal Engineers Journal*, Vol. 56 (1942), p. 176.

40 Ibid.

41 G. M. W. MacDonogh, "R.E. Chinese Jubilee Celebrations," *in The Royal Engineers Journal*, Vol. 56 (1942), p. 95.

42 "Hong Kong: Despatch Respecting Increased Military Contribution," 20/1/1890, *Hong Kong Government Sessional Papers*, 1891, p. 149.

43 "Notes on Affairs in China," *The Press*, Vol. LVII, Issue 10720, 28/7/1900, p. 7.

44 "CHINESE SAPPERS: Fifty Years of Service In HongKong Jubilee Programmem," *South China Morning Post*, 7/18/1941.

45 *Royal Warrant for the Pay, Appointment, Promotion, and Non-effective Pay of the Army, 1899* (London: HM Stationary Office, 1899), pp. 47, 174.

46 劉蜀永主編,《簡明香港史》(香港:三聯書店,2009),頁 102。

47 *Royal Warrant for the Pay, Appointment*, p. 268.

48 *Royal Warrant for the Pay, Appointment*, pp. 289-290.

49 *Navy and Army Illustrated*, Vol. VI, No. 64, 23/4/1898, p. 112.

50 *The Hong Kong Telegraph*, 14/10/1896.

51 *The Star*, 8/9/1900.

52 "Submarine Mines," *Encyclopædia Britannica*, 1911, Vol. 26.

53 "CHINESE SAPPERS: Fifty Years of Service In HongKong Jubilee Programmem," *South China Morning Post*, 7/18/1941.

54 "Hong Kong: Defence Scheme, Revised to May 1894," 5/1894, CAB 11/57, pp. 40, 43.

55 William B. Brwon, "Eastern Battalion, RE," *in The Royal Engineers Journal*, Vol. 56 (1942), p. 176.

56 George M. W. MacDonogh, "R.E. Chinese Jubilee Celebrations," *in The Royal Engineers Journal*, Vol. 56 (1942), p. 96.

57 "Hong Kong Contingent," Detail of Troops to be Employed in Connection with the Celebration of the Completion of the 60th Year of the Reign of Her Most Gracious Majesty Queen Victoria, 1897, 15/6/1897, WO 100/111, p. 134.

58 William Baker Brown, *History of the Corps of Royal Engineers,* Vol. 4 (Chatham: The Institution of Royal Engineers, 1952), pp. 150-158.

59 各國部隊佔領北京後肆意搶掠、屠殺、強姦婦女,但英國檔案中暫未發現指華兵曾經參與。

60 "Hong Kong Coy Royal Engineers," China 1900, WO 100/95.

61 *The Hong Kong Telegraph*, 14/5/1902.

62 *The Hong Kong Telegraph*, 11/9/1897.

63 Kwong Chi Man, "Reconstructing the Early History of the Gin Drinker's Line from Archival Sources," *Surveying and Built Environment*, Vol. 22 (Nov. 2012), p. 22.

64 徐國琦教授曾詳論這些華工的貢獻,由於他們絕大部份並非來自香港,因此本書在此不贅。詳見 Xu Guoqi, *China and the Great War: China's Pursuit of a New National Identity and Internationalization* (Cambridge; New York: Cambridge University Press, 2005)。

65 *The Register of the Hong Kong Memorial: Commemorating the Chinese of the Merchant Navy and Others in British Service who died in the Great War and Whose Graves Are Not Known* (London: Imperial War Graves Commission, 1931), p. 3.

66 *The Register of the Hong Kong Memorial*, p. 9.

67 *The Register of the Hong Kong Memorial*, p. 3.

03

一九四一年香港戰役中的

華兵和混血士兵

本港軍事當局決定組織華籍軍團，增強防務實力，日前正式頒發佈
告，公開招募，定期昨晨舉行錄取及檢驗體格兩事，一般華僑應徵
者，甚為踴躍，昨早九時許，有數百人靜候皇后大道中威靈頓營房門
前，準備報名，其中多屬洋行職員，潔淨局苦力，新界工農兩等鄉
民，與及青年學生等……[1]

——《工商日報》有關徵募華兵的報導，

1941 年 11 月 4 日

自（香港）投降後，我未聽說過有任何一個香港華人軍團的生還者
加入日軍……更有三人披荊斬棘，進入中國重投我軍。我曾訪問梅
亞少校等人及其他部隊的成員，他們都一致讚賞這些新兵的沉着勇
氣……如這個團隊有足夠的時間成為完整部隊，1941 年香港戰役將
是它引以為傲的戰功（battle honour）。[2]

——英印軍醫官史潔雲上尉（Capt. Douglas Scriven），

1942 年

兩次大戰期間的華兵

　　如上述，香港水雷砲兵連解散後，香港在 1906 至 1935 年間仍有華人工兵（時稱「華工程兵」）。該連亦設有華人分隊，在 1920 年代至少仍有 50 多人。例如，華工程兵王佳（Wong Kai）於 1918 年加入第 40 要塞工兵連。一年後，他前往柯士甸軍營任職廚師，然後在省港大罷工期間被調往九龍任職工兵司令的傳令兵。他在 1937 年已因為長期服務獲得品行勳章。[3]

　　一次大戰後，雖然皇家海軍縮減了長駐亞洲的艦隊，但香港仍駐有一艘航空母艦、數艘 1920 年代建造的萬噸級條約型巡洋艦（Treaty Cruisers）、數艘驅逐艦及一隊潛水艇隊。這些軍艦長期構成了皇家海軍在東亞的主要力量，它們長期停泊在香港，只有在夏天時才會前往華北或日本避暑和進行訓練。這些軍艦上的華人水兵大多仍擔任管事部、伙夫和鍋爐人員，他們有些早於 20 世紀初已經入伍。在 1920 年，中國艦隊司令建議皇家海軍頒贈長期服務及品行勳章（Long Service and Good Conduct Medal）給華人水兵，他們有不少人仍被稱為「亞鵬」（Ah Pang）、「亞根」（Ah Ken）等。由於得到該勳章的條件是服務最少 15 年，因此他們至少在 1905 年或以前已在船上服役。[4]

　　除了這些水兵外，在 1930 年代初亦有其他華籍後勤人員在皇家空軍的啟德基地（RAF Kai Tak）服役。例如，華兵胡倫早於 1932 年 6 月已在啟德任職電工，他在 1941 年 12 月的薪水升至每月 70 元。[5] 他的薪水在當時的勞動階層而言已算頗為優厚。例如，其後加入英軍參與抗日的葡人告山奴（Eduardo Gosano）於 1939 年成為政府外科醫生，月薪有 375 元。[6] 當時，一份《大公報》的價錢為 5 分、一張電影門票為最少 4 毫。[7]

如前述，香港防衛隊自 1854 年成立後，已是香港的本土部隊，但一直只容許白人加入。1916 年英國政府實施徵兵制（Military Service Bill）後，港府在香港徵召英籍人士入伍，並擴充香港防衛隊為香港志願防衛軍（Hong Kong Volunteer Defence Corps，簡稱香港防衛軍），但尚未容許華人加入。直至 1925 年省港大罷工時期，才有華人加入防衛軍。最初加入者為華人名流，例如華人律師羅文錦及同為律師的兄弟羅文惠，但他們直至 1935 年前均未擔任戰鬥崗位。[8]

在兩次世界大戰期間參軍雖然相對安全，但華兵亦可能身陷九死一生的險境。1931 年 6 月 9 日中午，皇家海軍中國基地的潛艇海神號（HMS Poseidon）在威海衛外海進行訓練時，被一艘中國貨輪撞沉。[9] 海神號在 1930 年服役，是當時皇家海軍最新銳的遠程潛艇。當時船上有 57 個英籍官兵，以及管事員阿海（Ah Hoi）和何松（Ho Shung，音譯）。兩船相撞時，阿海和何松在艇首魚雷發射艙附近。眼見海水湧入，兩人與六名英國水兵進入魚雷艙，並緊閉艙門，與海神號一同沉入海底。

海神號被撞後沉至 38 米深的海底，艇上燈火全部熄滅，26 人被困在海底，31 人於海神號沉沒時逃生。在魚雷艙被困的八人中，以士官威利士（Patrick Willis）官階最高，因此由他指揮。他決定讓海水浸滿船倉，使內外水壓接近，然後打開艙門，各人使用新發明的戴維士呼吸器（Davis Submerged Escape Apparatus，早期氧氣筒）游上水面逃生。可是，船艙中只有七具呼吸器，年紀最小的何松未有分到呼吸器。威利士只好安慰他，聲稱離船時會有人帶他一同離開。在等候海水進入的兩個小時中，各人只能在完全黑暗的船艙中等待，時而談話，時而唱歌，威利士則每隔一段時間啟動電筒觀察各人情況。威利士又教授英語能力有限的阿海使用呼吸器。期間一

港督貝璐爵士登上重巡洋艦沙福克號（HMS Suffolk），1930 年代（周家建博士提供）

名英兵抱怨自己的呼吸器失靈，威利士亦只能謊稱其呼吸器亦有同樣問題。艙門打開後，各人逐個游出，阿海最後跟着威利士離開。最後六人游上水面，包括威利士、阿海以及另外四名英兵。阿海浮上水面後，肺部為水壓所傷，需要留在前往救援的航空母艦賀美司號（HMS Hermes）上。他從此離開海軍前往其他船隻工作，但亦不忘威利士的救命之恩。他特地造了一艘中式帆船的模型給威利士留念，後者則送他一個銀製煙盒。

英軍擴大招募華兵（1936-1941）

1918 年第一次世界大戰結束後，英國軍方已有部份高層把日本視作潛在敵人，其計劃部門亦不斷討論如何改善香港防務，並於 1934 年開始興建早於 1910 年代已有人提出的九龍永久防線（即醉酒灣防線）。雖然英國政府面對來自納粹德國和法西斯意大利的威脅，未能全力加強其亞洲屬地的防務，但它仍於 1935 年底批出約 5,000,000 鎊，以增強香港的防衛能力，包括重新部署香港的海岸砲和高射砲，並興建諸如機槍堡、防彈指揮所、地下彈藥庫等設施。[10]

為應對德、意、日等國日漸增加的威脅，英國政府在 1930 年代中期決定擴充海、陸、空三軍，並逐步在香港增聘人手，以舒緩英國人力不足的問題。英國陸軍不但容許更多華人參軍，更安排他們接受戰鬥訓練，不再只擔任後勤或技術工作。1938 年，陸軍部部長貝力時（Leslie Hore-Belisha）向下議院報告陸軍預算時，特別提到英國陸軍已增聘本土部隊。他說：「本土人員可大為減少（派駐海外的）正規英軍的數量。我們將增聘操作高射砲和海岸砲台的本土人員，他們或會與英兵編入同一部隊，或會獨立成軍。」[11] 一年後，他向下議院報告進度時，指出英軍正計劃在香港招募約 1,000

人。[12] 在二次大戰期間，華人可以參加的英軍部隊包括皇家工兵團、皇家砲兵團、香港防衛軍、香港華人軍團（Hong Kong (Chinese) Regiment），以及皇家後勤兵團（Royal Army Service Corps）等輔助部隊。

1936 年，皇家工兵派出哥活中尉（Michael Calvert）來港招募華工程兵，在第 40 要塞工兵連的基礎上，再成立包含華兵和英兵的第 22 工兵連，使華工兵的數量由 70 人增加至 250 人。哥活學會廣東話，並親自與華人上士葉福（Yip Fuk）挑選新招募的工兵。哥活在港兩年，與華人工兵建立了不錯的感情。[13] 在第二次世界大戰期間，哥活在印度重遇華工程兵，促成了「香港志願連」（Hong Kong Volunteer Company）的成立（詳見下章）。

華工程兵入伍後，均要接受 12 週的訓練，才被正式派到工兵部隊中服役。這些新招募的華兵沿用水雷砲兵的兵籍號碼，由此可以推算 1891 至 1941 年加入成為水雷砲兵或華工程兵的總人數。現時在檔案中已發現的最大工兵號碼為 698 號鍾少波（Chung Shiu Bor），而負責紀錄的文員曾指出並無 703 號或之後的士兵。[14] 由於兵籍號碼不能更改或頂替，因此可以推算在這半個世紀中，一共有約 692 至 702 名香港華人曾擔任英國陸軍的正規水雷砲兵或華工程兵。在 1930 年代，他們最高軍階者是上士（例如葉福），最低者則稱為「工兵」（Sapper）。

戰前華工程兵的薪金和水雷砲兵一樣，均以軍階和經驗逐年遞增。除了基本工資外，由於工兵屬於特種兵，因此有額外的津貼。工兵們（不包括士官）的日薪如下：

表 3：華工程兵戰前薪金（1941）

	基本日薪	工兵薪金	總額（港元）
第四等	0.45	0.30	0.75
第三等	0.50	0.45	0.95
第二等	0.60	0.65	1.25
第一等 （以下全為第一等）	0.65	0.70	1.35
	0.60	0.75	1.45
	0.80	0.75	1.55
	1.00	0.75	1.75

　　每人每日尚有六毫伙食費，加上每月 13.3 元的衣服津貼。因此，一名高級工兵在 1930 年代末期每月最多可獲得約 80 元工資。此外，華工程兵的長期服務等津貼和 20 世紀初的水雷砲兵相同，服役滿 18 年者可獲得陸軍的長期服務及品行勳章，另外可隨勳章獲得 7 鎊獎金。[15] 至 1941 年中，英國陸軍部決定增加華兵的薪金，使他們與其他殖民地士兵看齊。[16] 除了 1941 年另行招募的新兵全為 20 出頭外，大部份工兵在 1941 年的年紀為 24 至 27 歲，可見有不少士兵已服役至少六至七年。[17] 1941 年 3 月，駐港英軍司令賈乃錫（Arthur Grasett）向陸軍部提到華工程兵非常優秀，而且對薪酬頗為滿意。[18]

　　據 1930 年代加入成為華工程兵的李材回憶，工兵們初時穿着印軍軍服，頭戴水雷砲兵的笠帽，外觀大致仍與 19 世紀末、20 世紀初的水雷砲兵一樣，亦使用印軍軍銜。可是，1941 年 4 月開始，他們均獲發英式制服與裝備，亦改稱英國軍銜。[19] 一幅攝於戰前的照片顯示一批華工程兵（下頁圖）從粉嶺覲龍圍走出，他們全副英式武裝、頭戴英軍自第一次世界大戰至 1950 年代使用的布羅迪鋼盔

（Brodie Helmet，被英兵戲稱為「湯碗」）、身穿英軍夏裝常見的短袖衫褲、小腿束上綁腿。走在最前的華人士官與站在門口的士兵手持 1928 年型湯森式衝鋒槍（Thompson sub-machine gun）、其後的士官和其他華兵則背上李恩菲德 3 型（Lee-Enfield Mk III No. 1）步槍。[20] 至少在裝備而言，華兵與一般英兵已無分別，其制服亦未有用以凸顯華人身份的部份。這些士兵比其他 1937 年以後徵用的華兵年紀較大，故此各人神態自若，尤其是帶頭的士官沈來興，可以推斷他們在拍攝照片時已經頗有經驗。

另一張來自於同一系列的照片顯示一批全副武裝的華工程兵正於覲龍圍四周的護城河進行橡皮艇訓練（下頁圖）。照片中可見有兩艘橡皮艇，一共有約 18 名華工程兵與一名英軍工兵軍官。前方的橡皮艇上有一名華兵手持湯森式衝鋒槍作警戒狀，其餘華兵則分成兩行划艇，另有兩名華兵手持步槍警戒。由此可見，至 1930 年代末期，華工程兵不同於只負責技術工作的水雷砲兵，而是曾接受一定的作戰訓練，有獨立作戰能力的戰鬥工兵（pioneer / combat engineer）。

早於貝力時在國會提及陸軍部將徵募更多本地士兵前，身在香港的砲兵部隊，包括皇家香港新加坡砲兵團（Royal Hong Kong Singapore Artillery）、第 8 海岸砲兵團（8th Coastal Battery Regiment）和第 5 重高射砲團（5th Heavy Anti Air Regiment）等已開始在香港試行徵募華人砲兵。第一批（第一期）加入英軍的華砲兵共 16 人，他們在 1937 年入伍，於昂船洲接受訓練。現存照片顯示，他們全部頭戴英軍士兵常用的氈帽（Slouth Hat），身穿印軍砲兵的制服，穿綁腿和皮鞋，秩序井然。可是，前排的士兵未能完全遮蔽後排數名頗為矮小，似未成年的新兵。各人神情雖然嚴肅，但略顯生澀拘謹，似因為欠缺經驗而自信不足。在 1941 年，第 8 海防砲兵團指揮官譚普勒少校（C. R. Templer）曾與屬下部份華砲兵合照，相中共

戰前華工程兵在粉嶺訓練（IWM KF 138）

戰前華工程兵乘坐橡皮艇（IWM KF 141）

有華砲兵 23 人（可能全部來自同一期）、譚普勒少校以及兩名英籍士官。眾華兵身穿英軍夏裝，頭戴砲兵便帽。大部份華兵看來非常年輕，而且體格頗為瘦小，可見當時英軍對華人砲手的體能要求並不太高，亦解釋了為何華人砲手大多只擔任搬運砲彈等支援工作。可是，他們都面露笑容，頗有朝氣，似乎均滿意所受的待遇。從英軍服務團在第二次世界大戰期間編集的資料顯示，華砲兵在 1941 年的年齡多為 20 至 25 歲，大多是 20 歲出頭的年輕人。現存一張攝於 1941 年 7 月駐港英國陸軍體能教官的合照中可見三名華人教官，分別盤坐在正中和站在左右兩邊。三人應為協助訓練華工程兵和華砲

兵的教官，其體格頗為壯健。

直至 1941 年 8 月，共有六期華砲兵加入英軍，其中最後一期在 1941 年 11 月徵募，該期士兵尚未完成訓練即要參加戰鬥。所有華砲兵的兵籍號碼開首字頭為「5」，由「5001」開始。例如，華砲兵蔡炳堯（Peter Choi）的兵籍號碼為 5153。[21] 至今發現的最大號碼是第 5 重高射砲團的砲手 5253 號勞少康（Lo Siu Hong），他在 1941 年 11 月入伍。由此可以證明在 1937 至 1941 年間，至少有約 250 名華砲兵入伍。由於華砲兵大多比工兵年輕，而且並不屬於特種兵，因此他們薪金比工兵低，只有每日 1.05 元。華砲兵第一次合約期為五年，所以他們大多在日軍入侵時仍在服役。[22]

在此期間，防衛軍亦逐步擴充，其中包括一個正在建立的華人步兵連隊。防衛軍的部隊分別以族群組成，例如第 2 連由蘇格蘭人組成（因此制服包括蘇格蘭裙），第 3 連（機關槍連）主要由混血

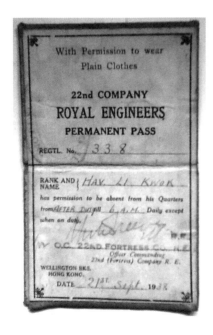

華工程兵的證件，1938 年

第一期華砲兵，1937 年（二次世界大戰退役軍人會提供）

第 8 海防砲兵團的華砲兵合影（香港退伍軍人聯會提供）

駐港英國陸軍體能教官合照，1941 年 7 月（香港退伍軍人聯會提供）

戰前華砲兵進行操練（香港退伍軍人聯會提供）

香港防衛軍的華籍和混血士兵（高添強先生提供）

兒組成，砲兵第 5 連和步兵第 7 連由香港華人組成，第 6 連由葡人組成。第 4 連（機關槍連）和砲兵第 4 連則有包括英人和華人等各國人士。[23] 自 1937 年起，防衛軍華兵的待遇改為與英軍相同。[24] 由於日本威脅日大，防衛軍在 1941 間加強訓練，所有官兵都要參加為期 14 日的野戰訓練。[25] 從現存照片中，可以看見華人防衛軍士兵大多頗為年輕，而且正如部份防衛軍老兵的口述紀錄指出，不少參加者抱着消閒性質，或跟着同學或同事入伍，因此從照片中可見防衛軍華兵相處頗為融洽（上圖）。他們雖然在訓練時頭戴防衛軍的大盤帽，但戰時裝備與工兵無太大分別。雖然防衛軍司令羅斯上校（Henry Rose）認為部隊士氣高昂而且頗為團結，但 1941 年 9 月抵港的新任駐港英軍司令莫德庇少將卻擔心他們缺乏戰術訓練，在實

戰中作用不大。²⁶ 可是，正如下節指出，防衛軍的華兵和混血兒在戰鬥中表現出色。

　　至 1940 年中，鑑於亞洲情況急轉直下，日本隨時發動戰爭，香港採取了大量措施嘗試加強防務，例如招募更多防空救護員（Air Raid Precaution Warden）、特務警察（Special Constables），興建防空洞，以及擴充獨立的消防處等。²⁷ 至 1941 年 8 月，英國陸軍部終決意成立自威海衛團之後的第二支華人步兵部隊 ²⁸，名為「香港華人軍團」（Hong Kong [Chinese] Regiment），以有別於 1890 年代成立，以印兵組成的香港團（Hong Kong Regiment）。《工商日報》在 1941 年 11 月 4 日曾刊登有關徵募華兵的報導：

　　　本港軍事當局決定組織華籍軍團，增強防務實力，日前正式頒發佈告，公開招募，定期昨晨舉行錄取及檢驗體格兩事，一般華僑應徵者，甚為踴躍，昨早九時許，有數百人靜候皇后大道中威靈頓營房門前，準備報名，其中多屬洋行職員，潔淨局苦力，新界工農兩等鄉民，與及青年學生等，九時二十分開始檢驗，由米杜息（米杜息士）英軍軍官梅亞，砲隊軍官修雲，與印度軍醫官史潔雲 ²⁹ 負責執行，首由史潔雲向應徵者一一考試智識程度，認為合格，乃繼續檢驗體格，規定身高五呎七吋（約 170 厘米），體重一百二十五磅，胸圍三十四吋者為合，若智力體格均具相當水準，方予取錄，首批先取五十名，進行訓練，成績滿意，再續招一百五十名，目的在組織機關槍營……

　　直至戰爭爆發前夕，華人軍團共有 46 名華兵，部隊指揮官包括借調自米杜息士營（1st Bn., The Middlesex Regiment）的團（營）長梅亞少校（Rodney Mayer）、防衛軍碧覺少尉（Richard Piggot）、兩

香港華人軍團全體人員，1941 年 11 月（IWM KF 114）

名米杜息士團第 1 營的英籍士官和第 40 要塞工兵連的華人下士朱振民（Chu Chan Mun）。由於駐港英軍司令莫德庇少將對華人軍團士兵的體格要求極高，因此雖然大量華人應徵，但淘汰率亦非常高。[30] 這批華兵的兵籍號碼開首字頭為「2」，由「2001」開始，至今發現的最小編號是 2002 號湯寶興（Thong Po Hing），最大者為 2049 號葉廣鎏（Ip Kwong Lau）。葉氏加入時 21 歲，由於他入伍不久，其薪水只有每月 30 元。

　　現時，倫敦帝國戰爭博物館存有一幅香港華人軍團全體成員列隊的合照（上圖），角度似為宣傳照片。相中可見頭戴防衛軍大盤帽的英籍軍官（碧覺少尉）、兩名頭戴軍用便帽的英軍士官，一名

老兵不死：香港華籍英兵（1857-1997）

華人下士（朱振民），以及身穿深色上衣的華人軍團士兵。從華兵與其腳下的步槍對比可見，相中華兵的身材明顯較砲兵為高，這是因為部隊的體格要求頗高。以相中步槍（112 厘米長的李恩菲德步槍）計算，後排最右面的士兵身高應有近 180 厘米，以當時標準而言已非常高。由此可見香港華人軍團的士兵體格和質素，亦部份解釋了該部在香港戰役中的表現，以及何以戰後不少該部的生還者選擇繼續參加抗日戰爭。

　　戰前英軍中的華人士兵來自社會各階層。在 1936 年以後入伍的華工程兵、華砲兵、華人軍團步兵等大多只有 20 多歲，絕大部份祖籍廣東，能說廣東話、客家話及簡單英文，有不少是客家人。他們加入部隊前或是學生，或在各行各業擔任初級工作。英軍服務團的檔案顯示，華工程隊的士兵有洗衣工、碼頭工人、英國海、陸、空三軍合作社（NAAFI）店員、電工和機械工等。其後被調往香港華人軍團的華工程兵湯寶興祖籍廣東梅縣，參軍前在商行擔任店員，曾參加後備警察（Police Reserve）。1938 年入伍的工兵姚少南則本為機械工。在華兵當中，教育程度較高者獲得的待遇相對優厚。例如，華工程隊的文員任澤焜（並非正規士兵）加入英軍前是德臣西報（China Mail）的華人記者，其後成為華工程隊司令部的三等文員（Clerk Grade III），每月薪金高達 99.25 元。[31] 當時亦有部份家庭數兄弟同時加入英軍。例如，第 5 重高射砲團的曾德（Tsang Tak）和曾耀生（Tsang Yiu Sang）兄弟即一同加入，並於香港投降後一起離開香港，再次加入英軍作戰。[32]

　　自 1930 年代開始，香港亦出現了一小批從小接受英式教育，家庭背景殷實的精英，他們部份亦參加了防衛軍或正規軍。他們多是香港各主要英資公司的華人員工及其後裔。例如，防衛軍野戰救護隊（Field Ambulance）的士官莫華燦（Raymond Mok），父親與

防衛軍醫官賴廉士（持手杖者）及其華人助理李玉彪（最右方）（高添強先生提供）

叔父均是太古洋行（Butterfield & Swire）的買辦。莫氏的兄長在美國讀醫，莫氏本人七歲被送往寄宿學校，其後入讀喇沙書院，然後在 1938 年考進香港大學醫學院。他加入防衛軍第 4 連時，部隊內有華人學生和公務員，他們多把參軍看成消閒活動。[33] 皇家香港新加坡砲兵團第 17 高射砲連砲手蔡炳堯的父親與叔父均於英資的香港麻纜廠（Hong Kong Rope Manufacturing）工作。[34] 這類士兵多已接受中學教育，更有不少是正在香港大學就讀的學生。其中防衛軍砲手陳瑞麟在當時被其老師香港大學醫學院賴廉士教授（Lindsay Ride）告知，如加入防衛軍，就算考試不合格亦可獲得重考機會，如不參軍，則不會合格。[35] 陳瑞麟的父親陳國榮其時是政府文員，亦加入特務警察的行列，其親戚羅炳倫則是華人軍團的下士。[36] 賴廉士本身即為防衛軍中校醫官，香港失陷後更成為英軍在華南的地下抵抗

部隊司令（詳見後述）。賴廉士屬下一名華人文員李玉彪（Lee Yiu-piu）亦加入了防衛軍救護隊，成為一名下士。[37] 不少防衛軍中的華人和歐亞混血兒士兵亦為童軍成員。[38]

參與駐港英軍各部的華人不但來自香港各個族群，更包括海外華人。例如，防衛軍砲兵第 4 連的砲手鄭治平（Maximo "Maxi" Cheng）來自巴拿馬華人移民家庭。有關巴拿馬華人的紀錄最早在 18 世紀末出現；1850 年代起，華工開始前往巴拿馬建築鐵路，他們或被新生活吸引、或因為中國國內亂局（時正值太平天國之亂，此前華南已一直面對人口壓力）、或被人欺騙而離鄉別井，前往美洲工作。不少華工都因為水土不服或工作艱苦而死亡，但亦有成功者在該地營商。鄭治平父母在他八歲時舉家從巴拿馬遷往香港，其父親任職船隻工程師，主要負責渡輪建造工作，家境相對富裕。他入讀喇沙書院，並於約 20 歲時入讀香港大學，主修英文。[39] 他在大學時的老師是香港防衛軍的成員，因此鄭治平與其華人同學們亦加入了防衛軍。

由於華兵分散於各部，他們的訓練和工作亦不盡相同。例如，華人砲手亦分為非全職的防衛軍砲手和全職的華砲兵。防衛軍有本身職業，只能在假期受訓，後者則被視為輔助砲手的角色，大多從事搬運砲彈，為砲台站崗等工作。香港軍團和華人工兵則為戰鬥部隊，所受的訓練則較為全面，但前者未有足夠時間接受訓練，戰爭就已爆發。至於皇家海軍、皇家海軍志願防衛軍（Royal Navy Volunteer Force）及香港皇家後備海軍（Royal Navy Volunteer Reserves）的華人水兵，則大多負責皇家海軍在香港的輔助船隻和小型巡邏艇等。

華兵在香港戰役

1941 年 8 月 1 日，華工程兵慶祝成立 50 週年，雖然現已無人提起，但在當時卻被視為本地大事。當日上午 8 時，部隊在美利兵房會操，然後參加游泳比賽，再於晚上舉行晚宴。出席者包括即將離任的港督羅富國，新任駐港英軍司令莫德庇，輔政司史美（N. L. Smith），華民政務司那魯麟（R. A. C. North），華人領袖周壽臣、警務處處長俞允時（J. P. Pennefather-Evans），定例局非官守議員羅文錦、譚雅士、李子方，以及一眾駐港英軍高級軍官等。羅富國致詞時提到華人是「天生的工程師」，工兵上尉奧偉則稱讚華工程兵「協助在重大壓力下守護一個被孤立的要塞」，更稱「戰爭已離（我們）近得不能再近」。莫德庇稱華兵將要「在任何時候預備任何情況」。羅文錦特別提到「中英兩國現時的戰爭目標是一致的，如香港被入侵，則你們（華工程兵）不但可以為戰爭出一分力量，更在守護香港廣大華人」。四個多月後，香港的華籍英兵終於要面對日軍侵略，並在將來的三年多與日軍在香港、華南，以至亞太地區周旋。[40]

同年 12 月 8 日清晨，日軍在馬來亞半島登陸，目標為佔領英國在亞洲最大的海軍根據地新加坡。與此同時，日本海軍機動部隊（航空母艦艦隊）派出飛機攻擊在珍珠港停泊的美國海軍太平洋艦隊，並派出船隊接近菲律賓。同日上午，日軍飛機攻擊啟德機場，其陸軍第 38 師團的三個聯隊（第 228、229、230 聯隊）亦於空襲後不久攻入新界，為時 18 日的香港戰役正式開始。華人加入英軍多年後，終於首次在戰爭中與中國以外的敵人作戰。據戰後皇家通訊團統計，1941 年日軍入侵時，香港有 1,073 名華籍英兵和後勤人員在駐港英軍中服役。綜合以上各部隊，在這 1,073 人中，應有約 200 名皇家工兵、約 200 名砲兵、47 名華人軍團步兵、近 200 名防衛軍步

兵、砲兵和救護人員以及數百名海空軍的後勤人員（包括 Auxiliary Patrol Vessels Crew，共 245 名華人，由海軍部直轄）。[41] 開戰時，駐港英軍部隊約有千多名華兵和混血兒士兵。現時，「1941 年香港戰役空間史研究計劃」已把他們的名字和部隊收錄在互動地圖內。當時有華人英軍以及混血兒士兵的駐港英軍部隊如下[42]：

• **陸軍**

步兵

香港華人軍團（本為營級部隊，實際只有一排兵力），香港防衛軍步兵第 3、4、7 連

砲兵

皇家香港新加坡砲兵團，第 8 海防砲團，第 12 海防砲團，第 5 重高射砲團，防衛軍第 4 砲兵連、第 5 高射砲兵連，第 965 砲兵連

工兵

第 22 工兵連，第 40 工兵連（第 40 要塞工兵連），防衛軍工兵連

• **海軍及其他兵種**

香港皇家後備海軍，海軍志願防衛軍，海軍輔助船隻人員，防衛軍野戰救護連，皇家軍械團（Royal Army Ordnance Corps），皇家後勤兵團（Royal Army Service Corps），皇家空軍地勤人員等

日軍進入香港前，包括華工程兵在內的各個英軍工兵部隊已經破壞了位於新界北的橋樑和道路，逐步退入沙田海至醉酒灣之間的九龍山脊繼續抵抗。華工程兵在前線作戰，其家人則於十數公里外的「後方」，其緊張程度可想而知。例如，華工程兵姚少南當時只有 26 歲，剛於 1941 年結婚，家住灣仔。[43] 守軍計劃依賴醉酒灣防線

拖延日軍，使香港島的守軍有更多時間準備抵抗，亦希望身在廣東省的國軍可從後方攻擊日軍。此時，所有在九龍的英軍均隸屬「大陸旅」（Mainland Brigade），由華里士准將（Brig. Cedric Wallis）率領。除了工兵外，當時身在九龍的華兵亦包括尚未完成訓練，正在深水埗軍營候命的香港華人軍團。空襲中有一名華兵受傷。日機飛走後，華人軍團即於上午前往九龍塘歌和老街和窩打老道交界，負責大陸旅司令部的保安工作。**44**

12 月 10 日至 11 日的晚間，日軍第 228 聯隊對城門水塘附近的英軍陣地發動夜襲，雖然印軍拉吉普第 7 團第 5 營（5th Bn., 7th Rajput Regiment）在水塘東面抵住日軍進攻，但第 228 聯隊第 3 大隊卻佔領了由皇家蘇格蘭團第 2 營（2nd Bn., Royal Scots Regiment）負責防守的城門碉堡（Shing Mun Redoubt），使大陸旅在醉酒灣防線的左翼被撕開一個缺口。由於日軍人數眾多，英軍又缺乏預備隊，因此後者被迫退往金山一帶。可是，日軍第 230 聯隊於 11 日再次突破金山防線，英軍左翼的形勢無可挽回，迫使駐港英軍司令莫德庇於同日下令撤出九龍。英軍撤退時，華人軍團繼續負責保護司令部，並曾經協助一隊潰散的印軍重整秩序。**45** 九龍失陷時，由混血兒組成的防衛軍第 3 連正駐守昂船洲，該地被日軍大砲不斷轟擊，但部隊損失輕微。可是，該部撤離昂船洲時，搭載部隊裝備和大部份機關槍的船隻抵達港島後不能把裝備卸下，最後只能把物資和船隻一同自沉。**46**

英軍被迫退守香港島後，雙方隔岸對峙。12 月 13 至 18 日間，日軍以重砲轟擊香港島北岸的各個砲台，又派機空襲香港島各地和英軍艦隻。此時，大部份華兵與其他身在港島的英、印、加等英聯邦士兵一樣，除了準備港島的防務和防備疑幻似真的日軍第五縱隊外，少有還擊日軍的機會。香港各海岸和高射砲台的華兵則協助

皇家砲兵第 5 高射砲團第 5 高射砲連（香港防衛軍）砲手 Cheung Wing Yee 在赤柱軍人墳場的墓碑。1941 年 12 月 18 日晚日軍登陸港島時，該部駐守西灣砲台，部份砲手被日軍屠殺。據墳場紀錄，他是於該晚陣亡的（梁偉基博士提供）

其他英、印籍砲手還擊日軍。例如，港島北岸白沙灣砲台[47]的華人防衛軍砲手隸屬防衛軍砲兵第 4 連，由香港政府官學生彭德上尉（Kenneth Barnett[48]）指揮。在英日兩軍隔岸砲戰中，彭德的砲台亦向日軍在九龍的砲兵陣地射擊。[49] 12 月 13 日，由第 17 高射砲連[50]的華人和印人砲手操作的雞籠灣砲台（Kellet Bay AA Battery，或稱 Waterfall Bay）更擊落一架日本海軍的九四式水上偵察機。[51] 此外，在戰鬥期間，有大量本地華人出任各種民防人員，包括防空救護員、特務警察、聖約翰救傷隊（St. John's Ambulance）、公共廚房（Communal Kitchens）員工，以及其他華人英軍司機、船務人員等。[52] 可是，正如駐港英軍工兵司令在香港投降後的報告中指出，部份華兵因為擔心家人安危，因此離開部隊，但報告強調他們只屬於少數。報告亦抱怨香港政府未能妥善照顧守軍（不論華洋士兵）的家人。[53]

12 月 18 日，經過約五日的砲轟和空襲後，日軍第 38 師團的三個聯隊分別在北角、太古及愛秩序灣登陸。防守港島的英軍當時分為東、西兩旅，登陸北角附近的日軍最先和東旅的拉吉普營交戰。雖然英印軍頑強抵抗，但日軍最終仍得以突破印軍陣地，把該營衝散。可是，日軍上岸後異常混亂，分成三路各自向渣甸山、大潭和柴灣進發。在愛秩序灣登陸的第 229 聯隊上岸後雖然遇到印軍和加軍抵抗，但仍能逐步佔領大部份鯉魚門要塞，該部第 2 大隊第 6 中隊則佔領了鄰近由防衛軍第 5 高射砲連駐守的西灣高射砲台。[54] 當時該連尚有 20 多人留守砲台，包括英人和華人砲手。他們投降後被趕進一個彈藥庫，然後日軍訛稱將他們釋放，但所有步出彈藥庫的砲手均被日軍用刺刀襲擊，結果只有左謙持（Martin Tso Hin Chi）和陳蔭光（Chan Yam Kwong）兩人未被刺死。兩人均在戰爭中生還，然後於 1947 年在香港的戰犯審訊時作證。其中陳氏指出日軍軍官下令殺害戰俘：[55]

> 日軍計算我們的人數並掠去我們身上的東西，之後我看見他手執鉛筆簡單記下彈藥庫內的人數，紀錄後約三小時一名穿軍靴及配帶軍刀的軍官抵達，用日語對守衛下達某些指示，接着〔守衛〕便在彈藥庫外圍成半圓。⋯⋯
>
> 接着這名軍官說了些話，守衛指示我們離開。他說我們被釋放了，我們最好走出去，當第一人步出後他立即被刺殺，接着所有人都被刺。⋯⋯

左、陳兩人裝作死去，於日軍離開後逃走，幸得生還。鯉魚門要塞附近的白沙灣砲台則堅持至 20 日才決定棄守，指揮官彭德上尉率領英籍人員投降，但指示華人砲手脫去軍服回家，免被日軍屠

殺，使不少砲手由此脫險。

另一方面，本應於登陸後向西推進的日軍第 230 聯隊的第 2、3
大隊受阻於北角發電站的香港防衛軍老兵「曉士兵團」（Hughesliers）
以及大坑一帶的英軍米杜息士營和拉吉普營殘部，遂折向南方，更
因為迷路而誤入渣甸山的金督馳馬徑（Cecil's Ride），向分隔港島
東、西兩半的黃泥涌峽前進。當時，黃泥涌峽一帶屬於後方，只有
加軍溫尼柏榴彈兵營 D 連（D Coy., Winnipeg Grenadiers）和從昂船
洲撤回的防衛軍第 3 連駐守，後者被分散佈置在峽道兩端的山上，
以及渣甸山、金督馳馬徑南端的第 1、2 號機槍堡（PB 1、PB 2）。
自 19 日零晨開始，日軍第 230 聯隊沿途與防衛軍第 3 連各排交戰，
後者則邊戰邊退。由於人數差距太大，防衛軍難以抵擋，使日軍在
19 日清晨接近黃泥涌峽南端的水塘。其時，第 230 聯隊隊長決定兵
分兩路，一面掃清渣甸山的英軍，另一路於黃泥涌峽南端出發，從
西往東攻向聶高遜山。[56]

根據雙方紀錄，日軍第 230 聯隊第 3 大隊從黃泥涌峽水塘向西
前進時正好日出，遂遭到來自水塘附近的防衛軍陣地（由一馬姓下
士指揮）、黃泥涌峽道正中的警署、其西面的聶高遜山（包括警署
東面一小丘上的 3 號機槍堡）、西北方的 1 號機槍堡以及峽道南面
的「布斯特治大宅」（Postbridge）的射擊。[57] 除了布斯特治和北面
的加拿大軍外，這些陣地全部屬於防衛軍第 3 連。因此，在陰差陽
錯下，華兵（大部份為歐亞混血兒）成為香港戰役中最關鍵戰鬥中
的主角之一。戰鬥期間指揮 1、2 號機槍堡，事後生還的第 9 排排長
菲爾德中尉（Bevan Field）回憶當時情況：

（在晨光下）我們看見敵軍聚集在金督馳馬徑的南端，距離
我們約有 500 碼（約 460 米）。馳馬徑（末端）大約 100 碼處堆

滿日軍，約有 250 人，尚有更多從後面跟上。有部份士兵已列隊準備向赤柱峽方向的高射砲陣地和黃泥涌峽道進攻。**58**

　　由於日軍的速射砲很快消滅了 3 號機槍堡的火力，2 號機槍堡則由於射界問題不能開火，因此菲爾德中尉和洪棨釗下士（Hung Kai Chiu，香港大學文學院學生）指揮的 1 號機槍堡以三挺機槍掃射日軍。日軍藉着人數優勢，迅速佔領了黃泥涌峽道警署，並衝散了馬下士的陣地和警署東面的防衛軍陣地。該陣地只有指揮官劉下士生還，他隨即加入鄰近的米杜息士營 B 連繼續作戰。日軍雖然整個上午都在嘗試消滅 1、2 號機槍堡的守軍，但始終未能成功。可是，單是 1 號機槍堡的十人之中，已經有一人陣亡、七人受傷，但他們仍繼續抵抗。

　　雖然日軍的槍彈不斷擊中機槍堡，甚至其槍眼附近，但三挺機槍仍繼續開火。部份日軍曾從死角進至 1 號機槍堡的頂部，並向內部投擲手榴彈，但堡內各人以牆壁掩護，未有因此受傷。洪棨釗即以電話聯絡 2 號機槍堡，由後者派兵將堡外的日軍消滅。菲爾德中尉曾多次受傷，洪棨釗曾暫代指揮一職。在較早時間，在黃泥涌峽西端西旅指揮部的加軍羅遜准將（John Lawson）發現指揮部被圍後即率部突圍，在指揮部門口附近中彈陣亡。至下午，1 號機槍堡全部機槍已不能使用，菲爾德等人遂放棄機槍堡，進入附近的陣地繼續抵抗。雖然他們接收了數名走散的加軍，但各人只餘下兩挺輕機槍和數桿步槍。當時，日軍第 228 聯隊擊退了加軍和防衛軍第 1 連，從大潭方向接近黃泥涌峽。另一方面，衝進黃泥涌峽西端的日軍又向 1 號機槍堡方向射擊，使菲爾德和洪棨釗等人被日軍重重圍困。在當日傍晚，菲爾德指示尚能行走的部下突圍後，率領彈盡糧絕的部屬投降，洪於此時中彈陣亡。

對於第 3 連在黃泥涌峽的奮力抵抗，菲爾德其後寫道：「我對在我手下戰鬥的防衛軍的戰鬥精神和沉着印象深刻。這些士兵全是混血兒……這個族群常被認為缺乏他們作戰時表現的特質。」[59] 菲爾德的評語一方面讚許混血兒士兵，同時亦指出 1941 年以前英人對華人和混血兒的歧視仍頗嚴重。

防衛軍第 3 連的士兵投降後，他們即被日軍官兵肆意虐殺，以發洩他們在黃泥涌峽損失慘重。第 3 連的施玉榮下士（Francis Zimmern）提到日軍再次有系統地殺害戰俘：[60]

> 我們在屋外排成三列，之後日軍前來開始進行刺殺。日軍告訴我們，我們為他們帶來慘重傷亡，我們要作出補償。……
>
> 一段時間後我們被指示脫下所有的東西。我們將所有東西掉進一個坑內，手錶、所有我們擁有的東西、甚至我們的大衣。忽然他們無故地憤怒起來並刺傷好幾人，再將他們踐踏至死……

有數名生還者在戰後向英軍軍事法庭提供證據，指證日軍在黃泥涌峽的屠殺行為，但第 230 聯隊指揮官東海林俊成獲撤銷起訴，其後才因為他在印尼犯下的戰爭罪行被監禁十年。

正當防衛軍和加軍在黃泥涌峽血戰期間，英軍其他部隊不斷嘗試從峽道的南北兩端增援，以救出羅遜和被圍部隊並重奪黃泥涌峽。其中一隊援軍是皇家工兵第 22 與第 40 連的分隊。他們在上午曾嘗試進入黃泥涌峽，但屢次被日軍火力擊退，其中第 40 工兵連的司令唐梅里少校（Donald Murray）以及何理第中尉（Donald Holliday）均於峽道陣亡。[61] 布東尼（Tony Banham）點算香港戰役的死傷者名單時，曾提及至少有數名來自第 40 工兵連的華兵在黃泥

涌峽戰鬥期間陣亡，或於戰鬥結束後被日軍殺害。

　　日軍在 12 月 18 日登陸香港島時，香港華人軍團接到命令上車離開壽臣山駐地，前往黃泥涌峽增援，進至峽道附近被用作前線彈藥庫的李樹芬醫生家中。[62] 該大宅當時有少量防衛軍第 3 連的士兵和後勤人員在內。19 日清晨，華人軍團發現房屋附近有日軍出沒，即開槍射擊，雖然帶隊軍官懷疑對方是加拿大軍而暫停射擊，但守軍發現日軍在山頂的太陽旗後即不斷射擊。在該地出沒的日軍部隊應為第 230 聯隊的第 2 或第 3 大隊。由於日軍人數眾多，雖然華人軍團等人持續射擊，但日軍仍能滲透到李樹芬醫生大宅後方的死

拔萃男書院的二戰紀念碑，陣亡將士包括歐裔、歐亞裔和華裔
（拔萃男書院校史博物館提供）

角，並佔據了可以俯瞰大宅的山頭。華人軍團與日軍交火整日，傷亡漸增，部隊北面的黃泥涌峽更幾乎全為日軍控制。[63]

20日，華人軍團繼續死守大宅，不斷與日軍駁火。可是，梅亞少校在日落時收到命令，要他率領大宅附近的加軍來福槍營一連轉往淺水灣酒店方向反擊。當時，日軍第229聯隊自大潭向南進發，接近淺水灣酒店，幾乎把英軍的東、西兩旅切斷。梅亞率領華人軍團離開大宅，剩下湯寶興中士等八人和防衛軍殿後。當華人軍團抵達深水灣路和淺水灣路交界時，梅亞和加軍商量進攻事宜，但後續的部隊卻被日軍以機槍和手榴彈伏擊，結果碧覺少尉陣亡，近半華人軍團士兵非死即傷，其餘人員亦因而走散。留守大宅的部隊則於投降前獲軍官指示脫去軍服離開，幸得生還。[64]

12月24日晚上，以第229聯隊為骨幹的日軍「赤柱攻略部隊」從赤柱崗南進，企圖一舉消滅困守赤柱半島的英軍東旅。日軍進攻時，英軍的第一線主要由香港防衛軍第1連以及米杜息士營的士兵防守，另有第965防衛砲連的兩門2磅速射砲以及探射燈在赤柱村入口附近的赤柱警署協防。日軍的進攻由三輛94式裝甲車領頭，步兵緊跟在後面。當他們接近英軍的位置時，防衛軍第2連連長科沙福少校（Henry Forsyth）下令開燈，英軍照亮日軍的縱隊後立刻開火，先後擊毀三輛裝甲車。[65] 第965防衛砲連的華砲兵李劍輝中士在戰後的報告憶述，他與十名華洋砲手操作探射燈，協助英籍上士祈理摩〔Reginald Climo（砲手李劍輝的紀錄將其名稱誤併）〕指揮的速射砲，他們在近距離照亮日軍後，即與之激烈駁火。激戰期間，祈上士中彈陣亡，最後只有三名砲手生還。[66] 由於日軍人數眾多，英軍在25日晨被迫退至赤柱監獄附近的防線，期間日軍第229聯隊的第2中隊屠殺了英軍在聖士提反書院野戰醫院的醫護人員與傷兵。

鄰近赤柱的南朗山（Brick Hill）高射砲台的指揮官飛雅高中尉（Gordon Fairclouth）則解散該地 50 多名來自香港新加坡砲兵團的華籍砲手，自己與英籍和印籍砲手繼續抵抗。[67] 飛雅高中尉的陣地最後亦於 25 日被攻陷，飛氏先被擊昏，甦醒後被日軍捕獲。手無寸鐵的他被日軍再次開槍擊傷，但其後卻成功逃出戰俘營。[68] 同日，英軍在灣仔的防線被突破，駐港英軍司令部在當日下午約 3 時投降。尚在香港各地的華砲兵和華工程兵大多均於投降前獲上司批准脫去軍服回家，以免被日軍屠殺。[69]

小結

為抵抗預計可能來臨的日本侵略，英國早於 1936 年已開始增加華籍英兵的數量。在 1941 年香港戰役中，華兵曾和英、印、加和其他英聯邦部隊一同奮力抵抗日軍侵略。在逾兩千名本地人員之中，計有皇家砲兵、工兵，亦有諸如防衛軍第 3、4、7 兩連、砲兵各連及香港華人軍團等部隊。他們由於種種原因而在香港戰役中擔當重要的角色，參與了黃泥涌峽與赤柱半島的激烈戰鬥，期間有不少華兵在戰鬥中陣亡或被日軍殘殺。幸而英籍軍官多在投降時指示華兵脫去制服逃亡，否則華兵的傷亡人數定必更多。

註釋

1 《工商日報》，1941 年 11 月 4 日。

2 "Report on the Hong Kong Chinese Regiment in the Battle of Hong Kong 1941 Dec. 8-25, by Captain R. D. Scriven," CAB 106/88。亦見鄺智文、蔡耀倫，《孤獨前哨：太平洋戰爭中的香港戰役》（香港：天地圖書公司，2013），頁 303。

3 "Royal Engineers," EMR-1D-07, Elizabeth Ride Collection, Hong Kong Heritage Project (HKHP).

4 RN Long Service and Good Conduct Medal Issue Book, 1920-1925, ADM 171/140.

5 "D.C.R.E.," EMR-1D-09, HKHP.

6 Eddie Gosano, *Hong Kong Farewell* (1997), p. 14.

7 《大公報》，1941 年 9 月 19 日。

8 "Extract from Prologue to the Volunteers at War," HKHP.

9 下述事件內容引自 Steven Schwankert, *Poseidon: China's Secret Salvage of Britain's Lost Submarine* (Hong Kong: Hong Kong University Press, 2014)。

10 鄺智文、蔡耀倫，《孤獨前哨》，頁 47-63。

11 "Army Estimates," HC Deb, 10/3/1938, Vol. 322, UK Hansard.

12 "Army Estimates," HC Deb, 8/3/1939, Vol. 344, UK Hansard.

13 Michael Calvert, *Prisoners of Hope* (London: Cooper, 1971), p. 41.

14 Ibid.

15 Ibid.

16 "CHINESE SAPPERS: Fifty Years of Service In HongKong Jubilee Programmem," *South China Morning Post*, 7/18/1941.

17 "Royal Engineers," EMR-1D-07, HKHP.

18 "GOC Hong Kong to War Office," 26/3/1941, WO 208/727.

19 邱偉基先生訪問，2013 年 9 月 3 日；"GOC Hong Kong to War Office," 10/4/1941, WO 208/727。李氏說法得到檔案資料證實。

20 許翰文同學指出槍支具體型號，特此鳴謝。

21 鳴謝蔡彼德（炳堯）和張進林先生提供資料。

22 "Royal Artillery," EMR-1D-08, HKHP.

23 Raymond Mok Interview, 26/4/2001, IWM, 21134.

24 "C-in-C Hong Kong to Secretary of State for Colonies," 21/9/1945, CO 820/60/4.

25 Phillip Bruce, *Second to None*, p. 220; Barry Renfrew, *Forgotten Regiments: Regular and Volunteer Units of the British Far East: with a History of South Pacific Formations* (Amersham, Bucks, UK: Terrier Press, 2009), p. 88.

26 Barry Renfrew, p. 88.

27 鄺智文、蔡耀倫，《孤獨前哨》，頁 87-93。

28 "War Office to GOC Hong Kong," 25/8/1941, WO 208/727.

29 史潔雲醫生在戰前已娶華人為妻，亦諳廣東話。他在香港投降後亦從戰俘營逃走，再次加入英軍參戰。戰後成為心理醫生，回港服務。資料由陳瑞璋先生提供，特此鳴謝。

30 "Hong Kong Cadet Officers in 1941," Elizabeth Ride Collection, HKHP.

31 "D.C.R.E.," EMR-1D-09, HKHP.

32 Paul Tsui Memoir, Chapter XIII.

33 Raymond Mok Interview, 26/4/2001, IWM, 21134.

34 鳴謝蔡彼德（炳堯）和張進林先生提供資料。

35 陳瑞璋先生訪問，2013 年 8 月 13 日。

36 有關特務警察的成立以及在香港戰役期間的行動，詳見鄺智文、蔡耀倫，《孤獨前哨》，頁 89。

37 Edwin Ride, *BAAG: Hong Kong Resistance, 1942-1945* (Hong Kong: Oxford University Press, 1981), pp. 16-17.

38 Paul Kua, *Scouting in Hong Kong, 1910-2010* (Hong Kong: Scout Association of Hong Kong, 2011), pp. 192-222.

39 Maximo Cheng Interview, 26/4/2001, IWM, 21133.

40 "Chinese Engineers: Celebrate Golden Jubilee of Entry into British Army Governor Present at Dinner," *South China Morning Post* (1903-1941).

41 "Prisoner of War Diary of Chief Signal Officer, China Command, Hong Kong, 1941-1945," 940 547252 PRI.

42 「1941 年香港戰役空間史研究計劃」網頁：https://digital.lib.hkbu.edu.hk/1941hkbattle/zht/index.php（詳見「香港參戰人員名單」部分）。

43 姚桂成先生訪問，2014 年 2 月 8 日。

44 CAB 106/88.

45 Ibid.

46 Phillip Bruce, *Second to None*, pp. 226, 227.

47 位於鯉魚門要塞（今海防博物館）以東，今柴灣附近。

48 戰後出任新界政務官。

49 Phillip Bruce, *Second to None*, pp. 228, 230.

50 此部隊行政上隸屬香港及新加坡皇家砲兵團，但屬於第 5 高射砲團的作戰序列。

51 鄺智文、蔡耀倫，《孤獨前哨》，頁 305。

52 鄺智文、蔡耀倫，《孤獨前哨》，頁 320-328。

53 "Report by C.R.E.," Appendix N, WO 106/2401A, p. 1.

54 西灣山頂。

55 "Examination of 5th Witness for Prosecution - Chan Yam Kwong on 21st April, 1947," Military Courts for the Trial of Maj. Gen. Tanaka Ryosaburo, WO 235/1030, pp. 58-60。此段引自鄺智文、蔡耀倫在《孤獨前哨》一書中有關日軍戰爭罪行的附錄。

56 鄺智文、蔡耀倫,《孤獨前哨》,頁 238-241。

57 鄺智文、蔡耀倫,《孤獨前哨》,頁 240-241。此外,黎偉聰及 Tony Banham 的文章亦對該戰役作出深入考察:Lawrence Lai, Ken Ching, Tim Ko, Y. K. Tan, "Pillbox 3 Did Not Open Fire!" Mapping the Arcs of Fire of Pillboxes at Jardine's Lookout and Wong Nai Chung Gap." *Surveying & Build Environment*, Vol. 21, No. 2, (2011); Tony Banham, "Hong Kong Volunteer Defence Corps. Number 3 (Machine Gun) Company," in *Journal of the Royal Asiatic Society Hong Kong Branch*, Vol. 45, (2005), pp. 118-143。

58 Phillip Bruce, *Second to None*, p. 245.

59 Phillip Bruce, *Second to None*, p. 250.

60 "Examination of 4th Witness for Prosecution - Lance Corporal F.R. Zimmern on 19th January, 1948," Military Courts for the Trial of Lt. Gen. Ito Takeo, WO 235/1107, pp. 23-24。此段引自鄺智文、蔡耀倫在《孤獨前哨》一書中有關日軍戰爭罪行的附錄。

61 Tony Banham, *Not the Slightest Chance: the Defence of Hong Kong, 1941* (Hong Kong: Hong Kong University Press, 2003), pp. 156-157.

62 該宅名為「白圭」,White Jade。

63 CAB 106/88.

64 Ibid.

65 鄺智文、蔡耀倫,《孤獨前哨》,頁 277-278。

66 "Royal Artillery," EMR-1D-08, HKHP.

67 Barry Renfrew, p. 116.

68 Barry Renfrew, p. 117.

69 "Royal Artillery," EMR-1D-08, HKHP; "Royal Engineers," EMR-1D-07, HKHP.

04

太平洋戰爭中的

華籍英兵

回家後，跟他們講我們的故事，說：我們為了您們的明天，獻出了
自己的今天。（When You Go Home, Tell Them of Us and Say, For
Your Tomorrow, We Gave Our Today.）

——科希馬（Kohima）緬甸戰役紀念碑上的墓誌銘

這個細小的「灰姑娘部隊」（Cinderella Unit）很容易會被忙得不
可開交的總司令部鄙視、遺忘、忽略（despised, forgotten, and
neglected）。[1]

——第 77 印度步兵旅旅長哥活准將（Brig. Michael Calvert）

華籍英兵繼續抗戰

1941 年 12 月日軍大舉進攻盟國在亞洲的屬地，同時在中國發
動長沙作戰，初時勢如破竹，僅僅數月已佔領英屬香港（12 月 25
日）、汶萊（1942 年 1 月）、馬來半島（1942 年 1 月）、新加坡（1942

年 2 月)、荷屬爪哇（1942 年 3 月）、美屬菲律賓（1942 年 5 月）等地，並大致把中國國民政府的對外交通線切斷。香港雖然是率先淪陷的地區之一，但香港抗戰仍遠未終結。香港投降時，英軍指示大部份華人士兵脫去制服，使他們免於成為戰俘。不少華籍政府人員（如警察、消防員、防空救護員、醫護人員等）亦收到英籍上司指示，脫去制服回家，以待時機。

據皇家通訊團在戰後的統計，香港投降時，1,073 名華兵中有912 人被列為「失蹤者」。[2] 有不少這些「失蹤」士兵於香港失陷後回到盟軍控制的地區。由於日軍在香港淪陷初期只派駐三營，守衛戰俘營人手不足，防衛鬆懈，加上營內缺乏糧食藥物，使不少華洋士兵決定越獄逃脫。1942 年初，華人軍團士兵葉廣鎏被俘後，於點名時幸運地被來自中立國的人員忽略。四日後，他在戰俘營圍欄附近遇見數名華籍、葡籍及歐亞混血兒戰俘，發現他們打算越獄，遂與他們一起以被褥遮蓋有刺鐵絲網，攀過只有八呎的鐵絲網逃脫。曾參與黃泥涌峽戰鬥，在戰後身陷戰俘醫院的防衛軍第 3 連的中英混血兒楊威廉下士（William Young）亦從醫院逃走。[3]

當時大約尚有 100 名華籍英兵仍被囚於香港，他們初時被囚於深水埗舊印軍軍營之中，其後被轉至北角繼續囚禁。據防衛軍砲兵第 4 連砲手鄭治平回憶，營中伙食不佳，又缺乏煤炭生火取暖，戰俘生活甚為艱苦。[4] 他們又與其他英、印、加軍戰俘一起被迫前往啟德機場工作或於大埔坳修理鐵路。工作時，戰俘間中與小販偷偷地以物易物，可見日軍對華人戰俘的警戒工作頗為鬆懈。據鄭治平等被俘華兵回憶，日軍在 1942 年 8 至 9 月間突然下令釋放所有尚被囚禁的華人戰俘。他們被帶到聖德肋撒醫院（St. Teresa's Hospital）休息三日，然後日軍要求戰俘們簽名承諾不再協助日本的敵人，眾人即行獲釋。[5] 日軍釋放華人戰俘後，他們大多前往大陸。鄭治平離開

日軍釋放香港華兵及部份混血兒（高添強先生提供）

戰俘營後，與幾名戰友在 1942 年 10 月下旬前往沙頭角，準備離開香港。當時日軍因糧食不足，強令不少香港居民離開，鄭氏乘機離開，前往惠州的英軍服務團報到，由祈德尊上尉（Douglas Clague[6]）接應。未被日軍俘獲的華兵在香港一邊躲避日軍追捕，一邊等候機會逃到中國大陸。例如，華工程兵姚少南和妻子把軍服藏起，再一起輾轉逃到惠州。

截至 1943 年 3 月為止，一共有至少 388 名華兵及後勤支援人員以不同方式前往中國大陸向英軍報到。[7]至 1945 年，這個數字增加至約 700 人，其中包括以下部隊：皇家海軍（51 人）、皇家砲兵（70 人）、香港皇家後備海軍（86 人）、皇家工兵（81 人）、香港華人軍團（21 人）、皇家空軍（13 人）、皇家後勤團（49 人）、皇家軍械團（88 人）、皇家通訊隊（11 人）等。[8]從表 4 可見，不同兵種前往大陸向英軍報到的人員比例不盡相同，其中以香港華人軍團的比例最高，該部本有華兵 47 名（兵 46、士官 1），香港戰役期間本已死傷 20 多人，但尚有 21 人前往大陸，可見這些士兵的主動性均比其他兵種更好。其他最多重回英軍的士兵之中，大多來自工兵、皇家軍械團和香港皇家後備海軍。

表 4：向英軍服務團報到的華籍英兵（1942-1945）[*]

部隊	報到人數	原有人數
香港華人軍團	21	47
香港皇家後備海軍	86	243
皇家工兵	81	約 200
皇家砲兵	70	約 200

[*] Edwin Ride, *BAAG, Hong Kong Resistance*, p. 328.

　　本章主要討論太平洋戰爭期間在「英軍服務團」和「香港志願連」（Hong Kong Volunteer Company）服務的華籍英兵。除以上兩部份以外，尚有其他華人在英國軍隊內服役。例如，戰後成為政府御用大律師的余叔韶（Patrick Yu）曾於 1942 年初為皇家海軍情報處（Naval Intelligence Bureau）服務。他及家人在香港失陷後前往大陸，抵達曲江，在當地英國領事處得知皇家海軍情報處希望找到一名華人協助，即志願參加。他獲安排與一名皇家海軍中校會面，後者於面試後安排他接受兩星期訓練，學習辨認日軍軍艦及中英文海軍詞彙，然後他們前往包括福州等華南沿岸的國軍控制區，訓練其他華人成為海岸偵察員（Coast Watchers）。他們獲發望遠鏡，負責監視日本海軍在華南的活動。由於該名海軍軍官對余氏甚為刻薄，故此他完成第一次為期四個月的任務後即行辭職，其後加入國軍成為一名情報官。可是，正如余氏回憶，他在英軍服務期間的薪水非常優厚，甚至比第 7 戰區政治部主任李彥和中將更高。[9] 其他在「英軍服務團」和「香港志願連」以外為英軍服務的香港華人主要是英國軍艦和商船上的水兵和海員，共有數百人。

地下抗戰：英軍服務團

　　繼續參與抗日的華人英軍部隊主要是「英軍服務團」和「香港志願連」。可是，有關於太平洋戰爭的著作，不論是中文、英文或日文，均少有提及他們的經歷。以下兩節即詳述他們在戰爭中對盟軍的貢獻。

逃離香港

　　香港的英聯邦守軍在 1941 年 12 月 25 日投降後，他們和英、

美、荷籍市民被分別關押在香港各處的營地。英加軍官兵多被囚禁於深水埗、亞皆老街，或北角的戰俘營，印軍在馬頭涌戰俘營，英籍市民和香港政府官員則被拘留於赤柱集中營。這些營房全都缺乏糧食及藥物，日軍亦拒絕協助。戰俘和被囚市民雖然獲得營外的華民接濟，但日軍卻不時殺害嘗試協助戰俘的人。與守軍一同被俘的駐港英軍司令莫德庇少將擔心日軍採取報復行動，對組織戰俘逃走興趣不大。[10]

可是，防衛軍醫官賴廉士卻不同意莫德庇的做法。英軍投降後，賴廉士和大部份英加軍戰俘被關進原為深水埗軍營的戰俘營。賴廉士雖負責營內戰俘的健康，但日軍卻拒絕提供必要的藥物和衛生設備。由於他認為大部份戰俘將會因為傷病和營養不良而在數月內死去，自己的生存機會亦微乎其微，因此決定逃出戰俘營。雖然莫德庇反對計劃，但有兩名皇家海軍和皇家後備海軍的軍官加入。他亦得到其助理李耀標的協助。李氏於投降時本有機會逃脫，但他卻選擇與賴廉士共進戰俘營，希望可以協助他逃走。

在李耀標的協助下，賴廉士等一行四人於 1 月 9 日先逃離深水埗戰俘營，然後逃往九龍山脊，再進入新界，最後抵達西貢，獲中共遊擊隊（其後正式番號為「東江縱隊港九獨立大隊」，以下稱「東江縱隊」）救援，然後前往國軍控制下的惠州。李玉彪因協助賴廉士逃亡的功績而獲得軍事勳章（Military Medal），是香港華人英軍曾獲贈的最高級勳章。[11] 經此一役，賴廉士認為只要有足夠的外部聯絡與協助，香港的英聯邦戰俘可以大量逃走，因此他計劃在香港附近的盟軍控制範圍內，組織一個由熟悉香港情況的人員組成的部隊，以輸送必要的藥物予戰俘，並在適當時間協助他們逃走。賴廉士的想法得到英國駐華武官格林斯岱（Gordon Grimsdale）的支持。格氏身在國民政府戰時陪都重慶，正與英軍在華使團（British

Military Mission, China）協調中英合作抗戰的事宜。

當時，英軍在中國的特種部隊直屬特勤處（Special Operations Executive），其中包括在香港戰役期間在新界活動的「Z 部隊」（Z Force）以及負責協助中國組織遊擊戰的「136 部隊」（Force 136）。英國駐華大使薛穆（Horace James Seymour）與格林斯岱一同和蔣介石會面後，後者容許英軍在廣東地區成立協助戰俘的組織，條件是該部不能進行任何政治活動。其時，國民政府希望廢除所有不平等條約，包括租借新界的《展拓香港界址專條》。雖然英國政府拒絕廢約，但國府仍希望可於戰後處理新界租約問題，因此對英軍在華南的軍事活動不無戒心。

得到蔣介石和倫敦方面的批准後，賴廉士計劃的部隊終於在1942 年 5 月正式成立。由於部隊的工作範圍廣泛，不少涉及軍事機密，為免惹人注目，部隊擁有一個由中文翻譯成英文的彆扭名字：「英軍服務團」（British Army Aid Group, BAAG）。[12] 服務團行政上屬於軍情九處（Military Intelligence 9），運作時隸屬英軍在新德里的印度戰區司令部（General Headquarters, India）屬下的陸軍情報處（Director of Military Intelligence），中間經由英國駐華武官格林斯岱統制，實際運作仍交由賴廉士負責。格林斯岱給予賴廉士的命令計有：解救被囚軍人，包括海、陸、空軍，正規軍或防衛軍，不論英、印、華、美或荷籍人員；聯絡被困在戰俘營內的其他香港政府以及商界要人；觀察香港市況；收集有關日軍在港活動以及船隻出入的情報。[13] 正如格林斯岱在服務團成立後不久指出，服務團最大的用處是情報工作，雖然它必須「裝作正在進行支援與拯救工作」。[14]

服務團最初的司令部位於曲江，該地同時是國軍第 7 戰區司令部。由於曲江位於香港東面，難以和香港西面的工作人員聯絡，因此賴廉士決定把基地遷往桂林，以便作全面統籌。為盡量接近香

港，賴廉士亦派出李玉彪前往惠州成立分支，該地其後成為服務團的前線司令部，由自行逃出戰俘營的砲兵軍官祈德尊上尉指揮。著名鴉片煙商利希慎的兒子利銘澤亦協助服務團在惠州的工作。[15] 其後，廣東三埠成為另一個服務團的主要分支基地。

英軍服務團的高級軍官大多是曾於香港服役的英籍軍人，例如賴廉士、祈德尊、何禮文（Ronald Holmes[16]）等。由於英籍人員身在前線會引起注意，因此前線的情報人員絕大部份均為華人和混血兒。根據一份 1942 年 7 月的名冊，當時服務團有 59 名情報人員，其中有不少是曾經參與香港戰役的華兵，包括有一名皇家海軍、四名香港華人軍團士兵、三名皇家砲兵、一名皇家工兵、一名皇家軍械兵、四名香港防衛軍以及後備海軍和皇家海軍志願防衛軍人員等。[17] 其後，包括華人軍團下士朱振民等華籍英兵亦陸續加入。

除了在 1941 年以前參軍的華籍英兵外，服務團尚有不少在戰爭期間才加入英軍的香港華人，他們不少曾接受良好教育，是中英文皆精的年輕精英。例如，徐家祥戰前在香港大學學習，戰爭爆發前加入了後備消防隊，並參與香港戰役。香港投降後，徐氏在父親協助下離開香港，輾轉抵達曲江。他前往面見賴廉士，後者安排他與利銘澤會面，利氏邀請他加入正在成立的服務團，並前往惠州的前線司令部服務。[18] 據徐家祥回憶，服務團的薪金對逃往中國大陸的香港軍民而言已屬豐厚，但在美軍眼中卻頗為不足。1944 年，美軍一個報告認為服務團的華人成員應該「深受英國影響」，因為他們「工資不高、待遇不特別好，但他們卻非常忠誠」。[19] 賴廉士曾提到有部份英軍服務團成員更拒絕收取酬勞。[20]

服務團的地下抗戰 [21]

英軍服務團最初在香港的情報工作困難重重。由於服務團各人

並非專業情報人員，缺乏經驗，而且服務團尚未與控制中港邊境與新界東部的中共遊擊隊建立有效的合作關係，因此服務團的情報員難以回到香港，只能與走私客合作。可是，李玉彪在 1942 年 4 月首次嘗試進入香港時，他即因為同行的另一名走私客供出他在香港的住處而被捕獲。李氏被帶到憲兵隊總部囚禁，在其後的一個月內不斷被日軍毒打，連負責翻譯的台灣人亦有參與。日軍不打他的時候，他則被囚禁在衛生奇差的囚室之內，每日只以少量白飯充飢。日軍初時認為他是國軍第 187 師的情報主任，其後把他送到深圳的傀儡機關，準備把他槍斃。可是，在英軍服務團的營救下，深圳方面卻說服了日軍，使後者認為他並無可疑，最後在 5 月底把他釋放。深圳的傀儡官員釋放了李氏，並懇請他向盟軍方面說明他們在日軍統治下已經盡量阻止日軍濫殺無辜。[22]

經過初期的失敗後，服務團的成員逐漸滲透到香港。在 1942 年 6 月，服務團已經有數組情報人員潛入香港，分別嘗試收集情報、聯絡戰俘及觀察日軍的港口活動。同年下半年，服務團成立了「前進部隊」（Forward Observation Group），由何禮文率領前往新界偵察，最遠曾進至九龍山脊觀察啟德機場、深水埗戰俘營和馬頭涌的印軍戰俘營。除了香港外，服務團的海岸觀測員幾乎可以全面觀察華南海岸的日本船隻活動。[23]

據徐家祥回憶，服務團的成員全無擔任特務的經驗，前線指揮官祈德尊則是砲兵出身，因此服務團的最大優勢反而是隨機應變和熟悉香港。例如，加入服務團的皇家砲兵曾德和曾耀生兄弟家住筲箕灣，與不少鯉魚門、北角一帶的居民相熟。曾氏兄弟以此成功與營內戰俘取得聯繫，最後在 1942 年 10 月救出滙豐銀行的兩名高層。[24] 可是，曾氏兄弟其後被日軍捕殺，其父親以及剩下的幼子前往惠州，由英軍服務團照顧。[25]

1942年年底開始，英軍服務團曾嘗試組織英印戰俘大規模越獄，計劃得到被俘的駐港英軍參謀長紐臨上校（Lancery Newnham）、蘇格蘭營的霍德上尉（Douglas Ford）、空軍的加利中尉（Hector Gray），以及印籍高級軍官安沙里上尉（Mateen Ahmed Ansari）的參與。服務團與運送食物進入戰俘營的司機合作，由他們將消息傳遞至紐臨等人手中。仍然身在營中的駐港英軍司令莫德庇不願再以戰俘的性命冒險，未有參與計劃。可是，計劃進行期間，馬頭涌戰俘營內的親日印兵佯裝與英軍服務團合作，實際上卻把服務團與戰俘的逃亡計劃轉交日軍。消息洩露後，日軍逮捕紐臨、加利等人，將他們送往軍事法庭受審，並公然違反《日內瓦公約》將他們處決。一同被殺的尚有戰前港府的防衛司費沙（John Alexander Fraser）。日軍發現服務團的計劃後，即加強戰俘營保安，計劃失敗亦使戰俘們不願再次組織大規模越獄行動。[26]

　　營救任務失敗後，服務團的主要工作改為與中共東江縱隊及國軍合作刺探日軍在香港的軍事情報，工作包括觀察維多利亞港每日的港口活動、船隻和飛機的出入、日軍駐港部隊的調動以及有關香港市面的情報。正如徐家祥指出，搜集情報的工作有時非常乏味，例如觀察每日幾乎一樣的船隻活動。[27]

　　可是，這些情報工作對支援盟軍在華南的作戰異常重要。當時，日軍控制了馬來亞、汶萊、菲律賓和荷屬東印度等資源豐富的地區，打算以此為憑藉，加上太平洋的戰略縱深，以求盡力拖延盟軍反攻，使日本可以與失去戰意的盟軍和談，並獲得討價還價的機會，保住在「滿州國」（中國東北）、蒙古和中國內地的佔領地。可是，國軍仍然控制湖南、廣東、廣西一帶，使盟軍可以利用飛機切斷日本本土至東南亞的海運，令日本失去賴以抵抗盟軍的戰略物資。英軍服務團在香港的活動，正好協助盟軍掌握日本在南中國海

的海運情況和船隊位置，使盟國空軍得以伏擊日軍船隊。因此，雖然身在前線的服務團人員可能覺得情報工作乏善足陳，但不能低估他們對擊敗日軍的貢獻。

除了營救戰俘與情報工作外，服務團亦協助香港居民到惠州等地暫避戰火，並為他們提供醫療，教育支援，並安排工作。[28] 與此同時，服務團在這些難民中間「消滅」日本間諜。[29] 服務團亦負責接收所有在香港戰役後逃到中國大陸的華籍英兵。部份報到的華兵如有特殊技能，英軍均儘量安排他們發揮所長。例如，華人軍團的士兵陳啟石是中印混血兒，他入伍前本是燒焊工，香港淪陷後他與父親及兄長離開香港，抵達雲南附近遭遇日軍空襲，其父兄同告遇難。他被救濟組織送回家鄉梅縣，但他在當地已無親無故，又回家無門，因而輾轉回到惠州的英軍服務團報到。英軍本安排他回到印度工作，但他後來亦加入香港志願連（見下述）前往緬甸作戰。[30]

日軍將近投降之時，英軍服務團執行了一項有關香港戰後前途的秘密任務。1945 年 8 月，英國政府得悉日軍即將投降，遂指示賴廉士挑選服務團的人員潛入香港，把指示送交身在戰俘營的輔政司詹遜（Franklin Gimson），命令後者先國軍一步自日軍手上接管香港，恢復英國統治。[31]

緬甸前線的「灰姑娘」:「香港志願連」

重回戰場

日本佔領香港期間，不少華兵於逃離香港後重回英軍，除了在英軍服務團作戰外，尚於另外一個幾乎已被遺忘的華人部隊中作戰：香港志願連。除了哥活准將（在 1936 年到香港徵募華工程兵

中國部隊列隊歡迎李濟琛（身後英籍軍官為賴廉士）（Elizabeth Ride 女士提供）

者）的回憶錄、少數有關緬甸戰役的書籍，以及香港軍事服務團和皇家香港義勇軍的刊物外，這個部隊幾乎無人提及。本節利用英軍方面的檔案資料、參與者的口述紀錄、賴德女士（Elizabeth Ride）提供的英軍服務團檔案，以及華兵後代提供的資料，以詳細重構香港志願連的組成、作戰經過及其家屬的經歷，以免這個曾經遠赴海外抗日的香港華人部隊湮沒在歷史中。

　　1942 年底，英軍服務團接收到不少香港華籍英兵後，即組成約有 200 名人員的「中國部隊」（China Unit），以安置他們。賴廉士憶述：「我們想辦法安置這些士兵，為此跟陸軍部和海軍部交涉了幾個月……我們盡力照料他們，以維持士氣並解決紀律等迫切問題。我們暫時把他們編成一個部隊，重新訓練他們，又租用房屋作他們的軍營。有關步兵戰術、槍械使用，以及閱讀地圖等訓練均由英軍

服務團的軍官負責。他們負責守衛服務團的司令部,並為桂林的英國官員充任儀仗隊。」[32]

由於「中國部隊」被送到桂林後任務不多,大部份官兵均無所事事,生活苦悶,而且英軍服務團初時資源不足以妥善照顧所有華兵,加上部份初到中國服役的英兵對華兵存有歧視,或因文化語言等差異而引起衝突,因此「中國部隊」軍紀紊亂。例如,在香港戰役期間於赤柱作戰的華砲兵李劍輝因事於 1943 年 1 月被軍事法庭褫奪中士軍銜後憤而申請退役。他在退伍書中申訴華兵的種種不滿:[33]

> 總部衛士的居住條件甚差,但他們卻要 24 小時值班。九個士兵和一個士官只能使用兩張雙人床和一張單人床,各人更只能共用四張被子。負責的士官經常向英籍軍官投訴,但不得要領……
>
> 投降後,我離開香港,自食其力,直至知道英軍服務團在惠州成立,我即向其報到。自此以後,正規士兵們在各方面均要遵守最嚴格的軍事紀律,但從未得到相應的待遇。軍方簡直置我們的生死於不顧……軍服已是一個大問題……你應該明白,桂林的天氣非常寒冷,而我們獲發的那些棉衣根本不足以禦寒。
>
> 我誠懇地告訴你,珍納軍士長(Jenner)在昨日的軍法審判結束後看起來非常高興,他竟在我們離開法庭時嬉皮笑臉。我深感被羞辱,不只是因為我被懲罰,更因為他身為高級士官,竟然公報私仇……

幸而,李劍輝的上書終於獲得服務團桂林支部的印籍指揮官梅士納少校(Dinesh Chandra Misra)的回應。李氏在 3 月連升兩級,

不但重回中士軍階,更成為上士,並被派往惠州的英軍服務團基地工作,不再需要與珍納共事。

部隊在桂林期間的其他紀律問題包括一名華砲兵於早上列隊檢閱時遲到,他不但對上司們出言不遜,更打傷其中一人。服務團立即把他開除出隊。[34] 此外,有數名華兵竟到旅店留宿後拒絕付錢。他們都遭到降級、減薪及接受體能訓練七日等處分。[35] 除了紀律問題外,抗戰期間國民政府不斷印鈔支付軍費,使國府控制地區的通貨膨脹嚴重,以致華兵的生活日漸困難。在 1943 年 3 月,一名華兵向服務團上書,要求把他的生活津貼由每星期 31 元增至 140 元,使他可以支持妻子的生計。他聲言如果申請不獲照准,他會立即退役。在審批這些個案時,賴廉士向梅士納表示部份華兵使他頗為不滿:[36]

> 這個人尚未回到軍營!我們近來收到不少這些申請,亦拒絕了不少;我就是懷疑這些「妻子」的來歷!在我看來,這些(申請)只是因為某些人過了一段舒服的日子後,對當兵又感到厭倦了。真討厭!我們還是讓他離開吧;計算好他直到 3 月底的薪金和生活津貼,並發給他 400 元回家的路費。

可是,英軍服務團並不會拒絕所有申請。有一名華人逃兵因為生活無着,離開部隊一個月後向服務團請求發給「大糧」(即退休金),服務團亦發給他直至逃走前的薪金。[37] 對於可以確定的華兵軍眷,如有需要,服務團則會提供旅費,使他們可以在桂林或惠州等地團聚,亦有時安排他們在服務團中工作。至少有一次,甚至有人冒充華工程兵加入英軍服務團,更成功在軍營食住多日,直至有曾任香港工兵司令部的文員指出並無該號碼(703 號)的華兵後,他才

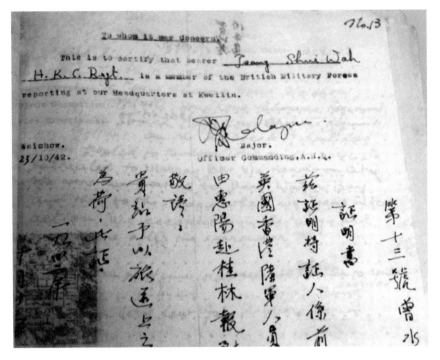

英軍服務團發給華兵的通行證（Elizabeth Ride 女士提供）

被趕出軍營。賴廉士對此事竟數日未被發現而頗有怨言。[38] 由此可見，一方面華兵在戰時的生活非常困難，但英軍方面有時卻要應付真真假假的請求和各種問題。

在 1942 年底，賴廉士向格林斯岱指出華兵本是「一盤散沙」（an unruly rabble），但由於何柏上尉（Dick Hopper）的密集訓練，華兵有被重視的感覺後，「團隊精神又回來了」。另一名負責訓練華兵的人員是曾經參與香港戰役的防衛軍第 3 連士官柯昭璋（Quah Cheow-Cheong）。據賴廉士所言，柯氏「每日訓練華兵，直至他們前往昆明（然後前往印度。）」[39] 賴廉士隨即向格林斯岱建議把華兵組成獨立的戰鬥部隊，但提及部隊中的華籍和葡籍士兵雖然均極為忠心，但

背景極為不同，因此相處頗有隔閡。前者來自香港各階層，後者則大多來自富裕家庭。[40]

在 1943 年春，中國部隊的命運出現了轉機。印度方面要求英軍服務團把該部送往該地工作。其時，英軍服務團逐個詢問各人是否願意前往印度。由於有部份華兵已加入諸如英軍服務團等部隊，或已經前往協助國軍或任職美國第 14 航空隊的地勤人員，因此只有129 人（一人其後未有出發）表示願意前往印度。[41] 1943 年 4 月，所有抵達桂林的華兵被要求簽署一份新的服役合約：

•「印度特種部隊」的服役條件（1943 年 4 月）

1. 所有士兵均由原來職位退役，然後重新以「一般兵」（General Service）的身份入伍。

2. 退役日期由離開桂林之日開始。

3. 重新入伍日期由抵達印度開始計算。

4. 所有士官重新以士兵身份入伍。

5. 為維持紀律計，所有士官在赴印途中將暫時維持原有軍銜，但薪金則不會以此計算。

6. 所有士兵將獲得正規英兵（British Other Ranks）的薪金：兵士每月三鎊、下士每月四鎊三先令、中士每月五鎊、上士每月五鎊九先令、特級上士七鎊、二級准尉九鎊六先令。所有士兵食宿衣物等免費，但不包括香煙。

7. 已婚士兵除薪金外，尚可根據軍階領取額外的家庭津貼。

8. 離開桂林前，所有已婚士兵均要指定一名獲得家庭津貼和分糧（即把士兵部份薪金發給家人）的受益人，他們要提供六張受益人的照片、他們的姓名、地址，並指定最近的郵局，使他們得以領取津貼。

9. 單身者可以把薪金分給他指派的任何人，但不能獲得家庭津貼。

10. 抵印後，各人可自由增減分糧的數額，但不能轉發指定人士以外的受益者，除非他準備了新受益者的照片。

11. 遇有家眷離世者，如無子女，家庭津貼將會停止發放；如有子女則照常發放。

雖然合約條文表面看來苛刻（如所有華兵失去原本軍階，需要重新入伍），但合約中最重要者，是所有華兵正式成為英國士兵，其薪酬津貼等均與英籍人員看齊，待遇比以往優厚不少。如前章述，華兵服務 15 年後，才可獲得 7 鎊的酬金（即 86.72 港元），而一名普通華砲兵的薪金約為每月 30 港元。可是，到了印度後，最低級的華兵每月可獲約 37.17 元，增加了兩成多，有家室者尚有家庭津貼。可是，對於自 1937 年或 1938 年已經入伍的華砲兵和工兵而言，他們的薪金實際上是減少了。所有願意前往印度者均會在一張誓紙上簽名，其內容為：「余謹於今日竭誠自願繼續服務於英國之任何軍部及不論在任何地方。」（下頁圖）第一隊出發前往印度的部隊於 1943 年 6 月 1 日出發，有 40 人，指揮官是已經晉升為軍士長的香港華人軍團士官湯寶興。[42]

英軍服務團在 1943 年 6 月於中國各地報紙刊登下述告示，通知所有身在中國的華籍英兵支領自 1941 年 12 月開戰以來未清之欠餉：

• 駐華英軍服務團桂林總部告示

前在香港英國軍隊之華籍正規軍人及香港軍部職員如欲領取未清付之薪金者須於 1943 年 6 月 30 日前投函駐華英軍服務團申請過期無效。[43]

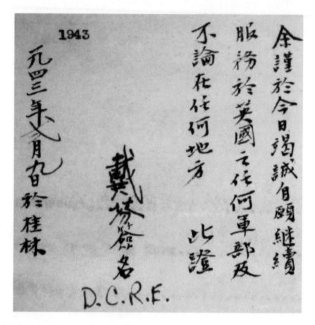

華兵願意前往印度服役的誓紙（Elizabeth Ride 女士提供）

其餘不願赴印但不適合在英軍服務團的華兵，則於 1943 年 5 至 6 月間獲得支薪後遣散。可是，對部份華兵而言，這個決定使他們突然失去生計，因此亦有本來不願前往印度服役者，因為生活無着或其他原因而改變主意決定前往印度。以下是其中一名改變主意的華兵寫給梅士納少校的信：[44]

梅士納少校麾下敬啟者。余前香港華人重砲隊的砲兵。因香港發生戰爭後，逃難回鄉，以農為業。後聞人說在惠州設有英軍服務團，以救濟香港戰後的軍人，余遂於西曆 1943 年 1 月 2 日在惠州英軍服務團報到，再行復職。後上峰有命徵求我等往印度服務。當時我因家庭不能許可，故此未有參加往印服

務。後上峰有命不往印度者先行解除軍職，余遂於西曆 1943 年
7 月 22 日解除軍職後，回鄉對我家庭說明往印度的意義，得家
庭同意，余即趕往桂林，徵求再行參加往印度服務……

最後，這名砲兵亦獲准再次復職，隨隊前往印度作戰。

在遣散不願前往印度的華兵期間，發生了一件插曲，說明英軍
對待華兵時，亦不乏有人情味的一面。華兵中有三個名為王佳（詳
見前章）、何慶（Ho King/Hing）和文長（Man Cheung，音譯）的
工兵上士，他們都是年近 40 的老兵。王佳（兵籍號碼 262）早於
1918 年已經參軍，他本應於 1939 年底服役滿 22 年退役，但其指
揮官卻勸說他暫時不要退伍，因為戰爭即將來臨，英軍需要他的經
驗，而且以其年資計算，他和他的家人將可獲得豐厚的戰時津貼。
香港投降後，他和家人逃出香港，向英軍服務團報到，在中國部隊
任職衛兵。他因不願赴印而得悉被裁後，只向英軍服務團要求額外
提供購買木工用具的錢，使他可以自食其力。從其字跡可見，王佳
英語能力甚佳。[45]

第二名華兵何慶於 1923 年入伍，在 1927 年升中士，然後在
1935 年成為上士。在香港戰役期間，他時年 38 歲，曾參加黃泥涌峽
的戰鬥，隨加軍退往赤柱，並於 25 日英軍投降後偽裝成平民逃走。
被裁後，何慶要求英軍繼續僱用，或發給長俸，使他可以做小生意
維持一家生計。在信中，他提到自己和英軍工兵「並肩對抗日軍」，
又感謝英軍在香港戰役期間發放米糧給他的家人，並在他們一家前
往內地逃難時接濟他們。梅士納少校看到王佳來信後，立即要求和
他見面，並找來何慶和文長。最後，王佳（時年 44 歲）和何慶獲安
排復職，在服務團任職直至戰爭結束，文長則自願前往印度（志願
連兵籍號碼 63）。英軍服務團亦協助三人經重慶英國駐華武官向陸

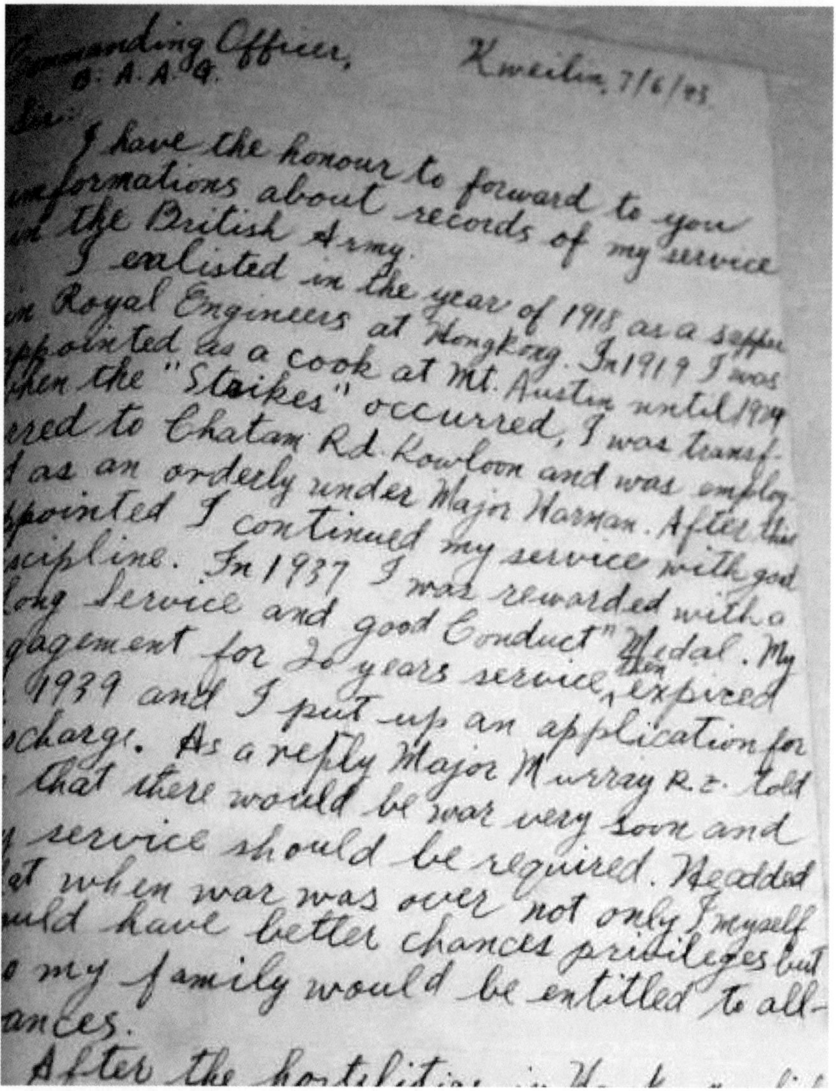
...manding Officer, Kweilin, 7/6/45.
B.A.A.G.
...ir:
I have the honour to forward to you
...nformations about records of my service
...n the British Army.
I enlisted in the year of 1918 as a sapper
...n Royal Engineers at Hongkong. In 1919 I was
...ppointed as a cook at Mt. Austin until 1924
...hen the "Strikes" occurred, I was transf-
...erred to Chatam Rd. Kowloon and was employ-
...d as an orderly under Major Harman. After this
...ppointed I continued my service with good
...iscipline. In 1937 I was rewarded with a
...ong Service and good Conduct" Medal. My
...gagement for 20 years service, then expired
... 1939 and I put up an application for
...scharge. As a reply Major Murray R.E. told
... that there would be war very soon and
...y service should be required. He added
...at when war was over not only I myself
...uld have better chances privileges but
... my family would be entitled to all-
...ances.
After the hostilities ...

王佳致英軍服務團梅士納少校的親筆信
（Elizabeth Ride 女士提供）

軍部爭取給予他們長俸。[46]

　　其他華兵參加香港志願連的經過則和鄭治平類似。鄭氏離開惠州後，前往曲江，從該地英國領事領取法幣 800 元為路費，再往另一抗日基地湖南衡陽，然後再轉往貴州，最後抵達英軍服務團的司令部桂林，他們或坐國民政府安排的汽車、或步行、甚至推着拋錨的汽車穿州過省。抵達桂林時，鄭氏發現已有 100 多個香港華人或歐亞混血兒抵達，準備啟程前往印度。在桂林，鄭氏等人乘坐英國方面安排的 DC-3 型運輸機分批由昆明飛往印度，途中穿越喜馬拉雅山的駝峰山脊（The Hump）。據鄭氏回憶，在駝峰山脊上空飛行時，機內溫度急降，幸各人均帶上氈子保暖。[47]

緬甸戰役與「殲敵」部隊

　　由於英國在戰前把馬來亞半島和新加坡視為防禦重心，英屬緬甸的防禦相對薄弱，日軍於 1942 年 1 月入侵緬甸後即勢如破竹，並於該年 3 月佔領重要港口仰光，使英國難以補給尚在緬甸中部抗日的部隊。為支援盟友英國，亦為了保護仰光這個中國對外的生命線，國民政府派出「中國遠征軍」進入緬甸，奈何中英雙方缺乏合作，英軍已呈瓦解之勢，國軍則裝備訓練不足，日軍得以在 5 月把中英兩軍趕出緬甸。

　　部份國軍退入印度後，接受美式裝備與訓練，被編為新式的「美械師」，隨盟軍在緬甸繼續作戰。英軍退入印度後不久，雨季來臨，緬甸的戰鬥暫告一段落。其時，日軍已控制整個緬甸，把國民政府與其他盟國的交通切斷。如國府投降，則日軍將可以把身在中國的大量部隊調往亞太地區，勢必使亞洲的戰爭曠日持久，甚至可能影響英屬印度，使盟軍對軸心國的戰爭更為困難。1942 到 1945 年間，中、美、英及其殖民地部隊在中緬印邊境與日軍周旋逾三年

之久。緬甸戰役雖然對擊敗日本與維持中國抗戰至關重要，但由於英美決策者以至國民均聚焦在歐洲與太平洋的戰場，緬甸的戰爭遂成為「被遺忘的戰爭」。長期在緬甸作戰的英軍第 14 軍團（XIV Army）司令史林（William Slim）亦把所部形容為「被遺忘的軍團」（The Forgotten Army）。[48]

緬甸失陷後，英軍曾於 1942 年年底雨季結束後在印度與緬甸接壤的阿拉干地區（Arakan）發動反攻，但英印部隊尚未掌握與日軍作戰的技巧，每當日軍在英印部隊側翼或後方出現，後者便會陷入混亂，甚至自行潰退。1943 年 4 月，日軍開始反擊，英印部隊被迫退回印緬邊境，途中損失不少人員裝備。該年年中，雨季重臨，盟軍又因為歐洲和太平洋戰線局勢尚未明朗而無法全力在緬甸作戰，緬甸戰場再度陷入膠着狀態。

阿拉干戰役期間，英軍曾組成一支特種部隊協助作戰，即所謂「殲敵」（Chindits，又譯「欽迪特」）部隊。「殲敵」部隊由英國陸軍准將溫格特（Orde Wingate）倡議，他在 1930 年代曾於國際聯盟委託英國管理的巴勒斯坦從事情報工作，並於當地成立由猶太復國主義者組成的「夜間別動隊」（Night Special Squad），用以鎮壓阿拉伯人。該部手段兇殘，加上溫格特性格乖僻，常與上司衝突，令他備受批評，不久即被調回英國。

第二次世界大戰爆發後不久，溫格特被調往蘇丹，軍方利用他成立特種部隊的經驗，在 1941 年初組建「基甸」部隊（Gideon Force）[49]，成員包括阿比西尼亞[50] 及蘇丹等地的反意大利遊擊隊。[51] 英國於 1941 年分南北兩路自蘇丹和肯亞進攻阿比西尼亞，基甸部隊則潛入意軍後方進行破壞工作，其後方出現混亂。雖然溫格特又因與上級不和被調走，但他的特種部隊計劃對急於提高英國軍民士氣的首相邱吉爾而言卻甚為吸引。在邱吉爾眼中，溫格特雖然性格

古怪，但可被塑造成第二個於第一次世界大戰期間在漢志（Hejaz）組織阿拉伯人對抗鄂圖曼帝國的「阿拉伯的勞倫斯」（Lawrence of Arabia），是宣傳戰的好材料。

由於唐寧街方面的支持，溫格特頗受重用。他在 1942 年初被調往仰光，準備成立遊擊隊阻止日軍佔領緬甸。可是日軍行動迅速，英軍在成立遊擊隊以前已被迫放棄仰光和整個緬甸。溫格特回到印度後，他的計劃獲得英國駐印度司令韋維爾上將（Archibald Wavell）支持，後者更調撥印度第 77 步兵旅（77th Infantry Brigade）予溫格特將其訓練為「長程滲透部隊」（Long Range Penetration Unit），以緬甸傳統神獸「龍虎獸」（Chinthay）為名，於印度進行嚴格的體能和叢林訓練。

英軍在阿拉干苦戰期間，溫格特策劃「長布作戰」（Operation Longcloth），於 1943 年 2 月率領「殲敵」部隊前往緬甸北部嘗試切斷日軍的鐵路運輸。由於深入敵陣，部隊只能由飛機空投物資接濟。作戰初期雖然尚稱順利，但由於作戰地域環境非常惡劣，加上通訊裝備不足，溫格特又經常改變計劃，因此作戰成效不彰，而且全旅 3,000 人出發，只有 2,100 多人回到盟軍控制地區，其中只有約一半的士兵可以重回戰場。[52]「殲敵」行動師老無功，加上傷亡慘重，使溫格特備受批評。可是，行動對英軍士氣有莫大幫助[53]，因此溫格特仍得到倫敦最高層的支持，首相邱吉爾更於 1943 年 8 月帶同溫氏前往加拿大魁北克參與盟軍戰略會議，並與美國總統羅斯福會面。後者亦非常支持「殲敵」部隊，不但於美軍之中成立類似的特種部隊[54]，更特地組成第 1 空中特勤隊（1st Air Commando），配備戰鬥機、轟炸機、運輸機和聯絡機，為兩軍的長程滲透部隊提供空中支援。因此，「殲敵」部隊不但得以保留，而且新任盟軍東南亞總司令蒙巴頓元帥（Louis Mountbatten）更把「殲敵」部隊擴編為

五個旅的大部隊。[55]

香港志願連成立

正當蒙巴頓與溫格特擴編「殲敵」部隊時，128 個香港華人士兵抵達印度加爾各答的威廉堡（Fort William）。他們一部份先被暫時編入邊境防衛兵團第 9 營（9th Bn., Border Regiment，又稱「波打團」），部份被調往告羅士打團第 1 營（1st Bn., Gloucester Rgt.），但未有跟隨這些部隊前往戰場。[56] 當時，部隊未有正式名稱，指揮官仍暫時是湯寶興。部隊被調往阿薩姆（Assam）後，由雲菲迪中尉（Freddie Winyard）率領，前往孟買附近的度拉里軍營（Deolali Camp）暫駐。他們在該地接受體能訓練，獲發新軍服與械彈，並改由迪雲頓中尉（de Winton，他是香港一家煙草公司的經理）率領。可是，他們抵達度拉里軍營後，即無人問津，每日只能留在營中玩板球或協助附近的建築工作。老兵葉廣鎏憶述，雖然營地的英籍軍官尚算善待他們，但其後加入香港志願連的英軍軍官威爾遜上尉（Capt. Roy Wilson）卻頗替華兵不值，認為他們被當成苦力。[57]

正當華兵在度拉里營地前路茫茫之時，於 1936 年前往香港徵募華人工兵的哥活（見前述）在 1944 年年初路經營地，發現這群華人士兵中有熟悉的臉孔，即與眾人相見甚歡。[58] 哥活自 1938 年離開香港後，他幾乎一路在亞洲服役。1943 年，他加入「殲敵」部隊，並於該年獲破格晉升為代理准將，負責指揮印度第 77 步兵旅。年僅 31 歲的他已在亞洲服役多年，未有受到當時仍頗為常見的種族歧視所影響，而且亦有與華兵相處的經驗，因此對華兵頗有信心。

哥活發現華兵們雖然被「照顧周到」，但他們都「感到被遺忘而且頗不服氣」。[59] 眾華兵與哥活相認後，即要求加入所部往前線作戰。哥活強調他不能隨便容許華兵加入，「然後像命令普通士兵

一樣」差遣他們，因為第 77 旅是特種部隊，參戰者「九死一生」。他要求眾人深思熟慮，而且只有自願參加者才可以跟隨他前往前線。据當時參與者回憶，現場一百多人全部踏前一步，表示願意加入哥活的部隊。哥活再問各人是否志願參加，眾人大聲回應後他才滿意。哥活遂把華兵編為「香港志願中隊」（Hong Kong Volunteer Squadron），其後改稱為「香港志願連」。哥活帶領該部進行叢林訓練，準備與其他「殲敵」部隊一同深入緬甸森林作戰。[60]

香港志願連的成員大部份與鄭治平、葉廣鎏、湯寶興、林發、姚少南等一樣，在戰前已加入英軍各部。部隊成立時，全連共有香港士兵 126 人（其中一人在印度出發前往緬甸前離世），有 13 人來自香港華人軍團、32 人來自皇家砲兵、31 人來自皇家工兵、11 人來自香港防衛軍、其餘 40 多人在戰前或戰爭期間是英軍後勤人員，尚有正規、後備、或特務警察，以及防空救護員。戰前他們的職業五花八門，包括學生、會計、文員等，甚至還有一名魔術師（部隊名單見附錄二）。[61]

與戰前的華籍英兵一樣，志願連之中有本地、客家、鶴佬、福建、中葡混血兒，以及巴拿馬、墨西哥、菲律賓和英國等地的華僑。由於兵源來自五湖四海，士兵的體格亦各有不同，有身高逾六呎者，但其餘大多為身高約五呎四吋的廣東人，身材最矮者不及五呎。[62] 部隊內文化差異亦大，堪稱當時華人社會文化多樣性的縮影。例如，黃占士下士（James Wong，譯名）及其兄弟黃仲尼（Johnny Wong，譯名）生於倫敦，在英國高中畢業，是正宗的「倫敦人」（Cockneys）。部隊亦有例如鄭治平等在香港接受高等教育的華僑或本地居民。另一方面，部隊中也有不少不諳英語的華砲兵和華工程兵。志願連在中緬邊界曾收留一名為「張九」（Chang Gnau，音譯）的人，他不懂華語，來歷不明，但戰後跟隨部隊回到香港，

華籍英兵林發身穿志願連制服，其右臂可見「殲敵部隊」
的徽章（林光明先生提供）

在 1980 年代仍然在世。此外，部隊尚有葡籍、西班牙籍，以及印籍
人士和混血兒；哥活回憶他們初時與其他華兵頗不融洽，使他決定
把數人送回印度。[63]

　　香港志願連官兵的裝備，大致上與一般在亞熱帶地區服役的英
軍相同。以往因着對華人的種族想像、或因為缺乏族群常識而設計
的軍服（例如威海衛團華人士兵的印度頭巾）終於成為歷史，取而
代之的是實用的制服和裝備。由於在熱帶森林服役，志願連官兵
均穿着淺卡其色上衣、綠色長褲、黑色長靴、卡其色皮帶（其後
改為黑色，戰後為白色）、深卡其色綁腿、頭戴有淺卡其色環帽巾

（pugaree）的卡其色叢林帽（bush hat）。部隊各人肩章皆有一刺上
「Hong Kong」字樣的小徽章，該徽章呈淺卡其色，字體為黑色，由
哥活自掏腰包贈予各人。叢林帽上有另一個三角形的帽章，三角分
為淺藍、黃、紅三色。部隊的五名軍官擁有金屬帽徽，圖案以雙龍
配上皇冠，下面有「冠絕東方」（Nulli Secundus in Oriente）一語，
與香港防衛軍一樣，戰後由香港義勇軍繼承。

　　武器方面，志願連士兵大多使用英軍的制式步槍（.303 吋李恩
菲特 4 型，Lee-Enfield Mark IV），但為了加強火力，部份士兵配備
美製 .30 吋 M1 型半自動騎槍（M1 Carbine）以及湯森式衝鋒槍。軍
官則配備 .38 吋左輪手槍或柯爾特 1911 年式 .45 吋曲尺手槍（Colt.
45 M1911），後者因火力和射速俱佳而大受歡迎。由於香港志願連
軍容整然，配備精良，因此曾有一支來自美國的攝製隊請求他們穿
上美式軍服協助拍攝宣傳片段。部隊上下感到莫名其妙。[64]

　　據鄭治平回憶，在熱帶雨林作戰時最大的問題是缺乏食水，他
和戰友不時需要使用淨水錠把污水清理後再飲用。[65] 由於「殲敵」
部隊在日軍後方活動，因此糧食、彈藥等作戰物資均必須依靠美國
陸軍航空隊投送。美軍當時為「殲敵」部隊提供制式口糧，其中鄭
氏對 K 種口糧（K-Ration）特別欣賞，尤其是罐裝肉（即所謂午餐
肉）。[66]

「星期四行動」，1944 年 3 月至 7 月

　　1944 年初雨季結束後，盟軍開始在緬甸發動攻勢。在緬甸西
北部，史林指揮的英聯邦第 14 軍團整軍再戰，進入英帕爾地區
（Imphal），為後續進攻佔領前進陣地。在緬甸北部，美國將領史
迪威（Joseph Stilwell）[67] 指揮的國軍分兩路進攻，在 1942 年退往
印度的部隊編成「X 部隊」[68] 自北向南進攻，從中國雲南往東進

攻的部隊稱為「Y 部隊」[69]，與 X 部隊成犄角之勢，目標為密支那（Myitkyina）。該地是緬甸鐵路最北面的終站，鄰近亦有機場，而且臨近伊洛瓦底江（Irrawaddy River），可從水路通往緬甸大部份地區。該地亦是印度通往中國的雷多公路（Ledo Road）的一點。國軍佔領該地，即可打通中國與其他盟國的陸路交通，對被斷絕海路與陸路運輸的國民政府而言，意義重大。

另一方面，日軍自 1943 年下半年開始研究打通中國佔領區與南洋的陸路交通，一方面可以消滅國民政府，另一方面可以利用陸路從南洋輸入更多戰爭物資。另外，日軍亦計劃自緬甸進攻印度，寄望由印度戰俘所組成的「印度國民軍」（Indian National Army）使印度脫離英國統治（明顯是高估了印度國民軍的能力）。因此，在盟軍於 1944 年初開始對緬甸發動反攻時，日軍在中國大陸展開「一號作戰」，從華中猛攻湖南，並於 5 月發動「ウ號作戰」，派出第 15 軍進攻英帕爾，企圖擊破英軍第 14 軍團的主力，然後入侵印度。

在盟軍反攻中，「殲敵」部隊負責於日軍後方擾亂其交通線，使其不能補給密支那附近的日軍第 18、53 及 56 師團，並打亂日軍在緬北的部署。是次作戰代號為「星期四行動」（Operation Thursday）。「殲敵」部隊其中一旅由陸路出發，另有先行部隊乘坐由運輸機拖行的滑翔機在平地降落，然後以隨隊的推土機清理出跑道，使後續部隊和給養可以利用飛機運送，傷員則由飛機運走。[70]哥活的第 77 旅（包括香港志願連）即為先頭部隊，於 1944 年 3 月 5 日出發，在日軍戰線後方降落。第 77 旅當時轄下五營，包括第 6 喀喀步槍團第 3 營（3rd Bn., 6th Gurkha Rifles）、第 9 喀喀步槍團第 4 營（4th Bn., 9th Gurkha Rifles）、英皇團第 1 營（1st Bn., The King's Regiment）、蘭開夏燧發槍團第 1 營（1st Bn., The Lancashire

Fusiliers），以及南斯塔福團第 1 營（1st Bn., The South Staffordshire Regiment）。香港志願連是隸屬旅部的直屬部隊。

哥活在其回憶錄中提到，空運途中，其香港侍衛楊威廉在機上談笑風生，希望緩和下屬的緊張情緒。[71] 雖然發生滑翔機相撞的意外，導致約 30 名英兵陣亡，但先頭部隊總算站穩腳跟，並清理場地予後續部隊降落。「殲敵」部隊建立名為百老匯（Broadway）的臨時機場，並將附近的主要基地命名為白城（White City），然後派兵襲擊附近的日軍補給線。此時，香港志願連改由因功升任軍官的麥拿倫中尉（McLaren）指揮。前線部隊剩下 121 人，其中 1 人擔任衛兵

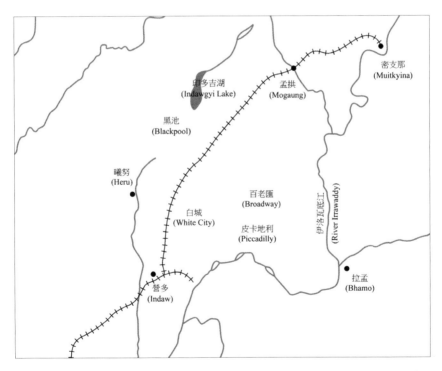

香港志願連在 1944 年 3 月至 7 月在緬甸作戰的
地域（Frank Owen, *The Chindits*, Calcutta: The
Statesman Press, 1945）

期間死亡，6人或在住院，或被遣回印度。[72]

　　部隊被分為三部份，主隊被編為旅部警衛排（Brigade Defence Platoon，45人），和哥活一同行動。警衛排的成員不少本為正規英兵，並曾經參加1941年香港戰役。據哥活回憶，這些士兵「全是最強壯和最有軍人精神者，他們執行任務時表現極佳，又從不埋怨。他們自空降行動成功後一直參與所有戰鬥（作者注：橫線為哥活加上），自3月起在敵陣中待至7月」。[73]另有工兵排（Stronghold R.E. Unit，19人），由年紀較大的士兵組成，在白城留守。6人則被分派到第9喀喀步槍團第4營擔任情報和爆破人員。除了以上三部份外，尚有11人準備前往緬北和中國接壤的地區，加入英軍的「達克部隊」（Dah Force）。該部負責組織當地的卡欽人（Kachins）組成抗日遊擊隊。剩餘40人則由已升任連隊士官長（Company Sargent Major）的湯寶興率領，於後方擔任補充兵。[74]

　　降落後，第77旅兵分幾路擾亂日軍通往密支那的道路和鐵路。3月9日，45名志願連士兵在梁群（Leung Kwan，時年33歲，本為皇家工兵）率領下，與7名英兵前往炸毀百老匯機場約9公里外的一條鐵路橋。當晚，日軍即對百老匯機場發動攻擊，但被英軍擊退。混戰中，戰前已加入香港華人軍團的羅炳倫不幸犧牲。眾華兵為他安葬時，日軍仍在以迫擊砲砲轟英軍陣地。其後，華兵分批前往鄰近的小路伏擊日軍。[75]

　　3月中，哥活親率斯塔福營和喀喀兵在曦魯（Henu）附近一處英軍名為寶塔山（Pagoda Hill）的地點與日軍作戰。據哥活回憶，他和所部遇到日軍零星槍擊後，他即跳出掩護物，打算率領斯塔福營發動衝鋒趕走他想像中的日軍狙擊手，並以喀喀兵負責掩護。可是，他的舉動卻使英兵半信半疑，只有部份士兵跟從，需要哥活再三催促，部隊才發動進攻。其時，約一百多名日軍亦發動突擊，喀

喀兵亦加入第二次世界大戰中少見的白刃戰。哥活的副官與楊威廉緊隨他身邊，後者一面用手槍嘗試擊退接近的日軍，一面高呼「小心長官」（Be careful, Sir!），場面不無滑稽。[76] 經過一輪混戰後，英軍奪得寶塔山，並於附近的鐵路線設立路障。

至 3 月底，華兵及其他 77 旅的部隊不斷迎擊日軍。25 日，《生活雜誌》的記者曾為一眾華兵拍攝照片。3 日後，在白城和百老匯機場連續作戰逾兩星期的工兵排被送回後方。其後，砲兵鄭治平等華兵跟隨喎喀兵往拉孟（Bhamo）附近截擊日軍運輸隊，鄭氏被發給一袋手榴彈，然後他不斷往山谷拋下手榴彈，直至「聽不到下面有聲音為止」。[77] 志願連的作戰日誌特別提到跟隨喎喀兵作戰的華兵翟鎮堃上士曾俘獲一名日軍，從而得知日軍部隊番號。[78] 鄭治平在其後訪問中特別提到喎喀兵非常刻苦耐勞，是優秀的軍人。[79]

強攻孟拱，1944 年 6 月

1944 年 3 月底至 4 月初，日軍逐步增派兵力前往白城基地附近，企圖一舉肅清後方。4 月 7 日，日軍第 53 師團屬下部隊開始砲擊白城，並不斷派兵進攻。其時，香港志願連主隊與其他英、印、非（西非步兵營，West African Infantry）部隊在白城抵抗，反覆擊退日軍的進攻。

可是，擊退日軍的進攻後，緬甸戰線出現重大轉變，使「殲敵」部隊（特別是第 77 旅）傷亡慘重。3 月 24 日，溫格特乘飛機往前線視察後墜機身亡，「殲敵」部隊的指揮權由藍泰利准將（Walter Lentaigne）繼承。藍泰利沒有溫格特得到的政治支持，而且日軍在英帕爾地區的攻勢仍然持續，加上國軍進攻密支那的進度因日軍在松山頑強抵抗而強差人意，因此英、美、中三軍高層決定將「殲敵」部隊分割使用，一部向英軍第 14 軍團靠攏，第 77 旅等部隊則用以

支援史迪威手下的國軍。史迪威對溫格特的特種部隊計劃毫無興趣，只希望儘快攻下密支那，遂命令第 77 旅放棄堅守多日的白城，向東北面進發，攻佔孟拱（Mogaung）。[80] 當時孟拱由日軍第 53 師團的兩個大隊（營）駐守，大約有 2,000 人。其時，第 77 旅在叢林苦戰已逾兩月，人數已由 3,000 人減員至大約 500 人，加上雨季來臨，雨水及膝，使不少士兵患上瘧疾。

對於史迪威的命令，第 77 旅其實已無能為力。該部並非正規步兵，而且缺乏重砲和裝甲部隊，難以執行攻堅的任務。可是，第 77 旅仍勉強進攻。哥活曾於 6 月 3 日的報告中提到部隊被日軍伏擊，其中特別提及志願連：「日軍強攻我軍縱隊中段的無線電台，該處由香港志願連防守。在一場惡戰後，華兵穩守陣地……華兵的傷亡將被計算在英兵當中，因他們領着一樣的薪水！」[81] 其後，志願連派出梁坤、李廉兩人與英兵及緬甸遊擊隊前往與國軍第 114 團（團長李鴻上校）聯絡。[82] 該師隸屬孫立人將軍的第 38 師，屬於國軍精銳。其時，有士兵發現其表親就是國軍第 114 團的英文翻譯，使兩部士兵仍能溝通。[83] 在國軍火砲的掩護下，第 77 旅反覆進攻，最終於 6 月 27 日迫使日軍放棄孟拱。其時史迪威司令部竟徑自宣佈中美聯軍攻陷孟拱，使第 77 旅官兵頗為沮喪。國軍李鴻上校則向哥活感謝其部隊艱苦作戰。[84]

奪下孟拱後，對日軍後方情況毫不瞭解，一心只求自己的部隊攻下密支那的史迪威竟命令第 77 旅繼續前進，協助他進攻密支那。哥活憤而截斷通訊，把部隊撤向國軍防線，並前往面見史迪威解釋部隊狀況。據哥活回憶，史氏似不知第 77 旅苦況，兩人面談後該旅即被安排往後方休息，哥活及另外四名「殲敵」部隊的軍官更獲得美國銀星勳章（Silver Star），以表揚他們擾亂日軍後方及攻佔孟拱的貢獻。[85] 7 月 19 日，志願連在緬甸的任務完成，登機飛回印度阿

薩姆。[86] 根據戰後報告，哥活的旅部（包括香港志願連）自 1944 年 3 至 8 月共有 27 名軍官和 389 名士兵參與作戰，其中 61 名官兵陣亡或病死、144 人因傷病後送、9 人失蹤，傷亡過半。[87]

有關「殲敵」部隊的成效，一直眾說紛紜。日軍方面認為「殲敵」部隊打亂了他們的計劃，尤其牽制了第 53 師團，使之不能參加支援英帕爾地區或密支那的戰役。在英帕爾與英軍第 14 軍團作戰的日軍第 15 軍司令牟田口廉也中將在戰後向盟軍提到：「我當時未有即時理會傘兵（「殲敵」部隊）的威脅，而是繼續本來的計劃。緬甸方面軍竟派出整個師團（指第 53 師團）處理敵軍傘兵的問題。當時，只需要足夠第 53 師團一個團的給養，我的作戰已可成功。」[88] 由於牟田口本人性好誇大，其證言未必完全可信。可是，日本第 53 師團的作戰紀錄特別提到兵力有近 7,500 人 [89] 的該部本於 5 月初準備增援正被國軍攻擊的密支那，但由於發現在孟拱等地的「盟軍空降部隊」（即「殲敵」部隊）正威脅切斷密支那附近第 18 師團的後方，因此被迫放棄增援，並轉向孟拱附近迎敵。其後，密支那失陷，英帕爾附近的日軍亦相繼敗退，使第 53 師團被迫跟隨其他日軍向南潰退。[90] 由此觀之，如無「殲敵」部隊在日軍後方的苦戰，則日軍第 53 師團將可增援密支那，使國軍更難攻陷該地，甚或反被擊潰。這個紀錄證明「殲敵」部隊在日軍後方的作戰雖然未必對日軍造成大量的實際損失，但已打亂了日軍的部署，實際支援了國軍圍攻密支那的行動。

戰後，哥活曾總結香港志願連的表現：「他們談不上是進攻能手，因他們傾向智取敵人，而他們在防守中甚有價值。他們對野戰和偽裝非常熟練（不少志願連華兵為工兵出身），而他們在緬甸艱苦環境中的堅忍精神更無出其右。」[91] 不但英軍將領對志願連頗為欣賞，美軍亦曾頒贈銅星勳章（Bronze Star）予志願連的一名中葡

混血兒 Ricardo Laurel 下士，表揚他在一場戰鬥中無懼日軍的迫擊砲砲火，在暴露的位置中以機關槍火力壓制住日軍，拯救了兩排被日軍包圍的卡欽人遊擊隊。[92]

志願連的家屬安排

香港志願連的士兵們在緬甸的原始叢林中與日軍和大自然奮戰時，他們的親屬則於桂林面對艱苦的戰時生活。志願連開拔赴印前，不少士兵的家人均隨着他們抵達桂林。他們都領取了英軍提供的家屬津貼，以及士兵們的「分糧」。由於士兵們的工資以印度盧比發放，送交士兵親屬時需要按照中英兩國政府訂下的固定匯率兌換成國民政府使用的法幣。[93] 在太平洋戰爭初期，這個制度尚未有太大問題，但 1944 年日軍發動「一號作戰」後，國民政府大量發鈔以應付軍費開支，導致包括桂林等地的國府控制區通貨大幅膨脹。

士兵家屬每人每月獲得法幣 1,000 元的津貼，但由於法幣價值暴跌，各人生活困難。不少士兵的妻子本希望外出工作，但卻要留在家中照顧年幼的孩子。士兵家屬遂一起居住，把孩子集中照顧，並攤分租金和生活開支。他們亦不能收到遠在緬甸森林作戰的丈夫的任何消息，因而頗為消沉。[94] 為支援士兵們的家人，英國駐桂林領事協助家人們尋找工作，並向英軍方面要求增加津貼額。其後，英軍方面更改兌匯率，使之跟隨市價浮動，令各人生活得以改善，陸軍部方面亦於 1945 年初再次跟進此事。[95] 外交部更聯絡駐桂林大使館武官，詢問他英軍的津貼能否令士兵的家人「維持足夠舒適的生活」。[96] 至 1945 年 5 月，家屬津貼已增至每月法幣 10,000 元，另外每名小童每月 2,500 元。[97] 英軍服務團亦為華兵家屬在桂林提供房屋，並為其子女設立臨時學校。

由「殲敵」部隊到東南亞偵察兵

　　「星期四行動」結束後，香港志願連在 1944 年 8 月底回到印度的德拉敦（Dehradun），交由皇家坦克兵上尉布朗（Francis Bellamy-Brown）指揮，威爾遜則成為副連長。威爾遜上任後，即容許志願連建立自己的廚房，更向附近的啹喀部隊借來白米，使華兵們可以擺脫英軍的伙食。部隊亦首次獲得四輛大卡車。[98] 1945 年 2 月，由於「殲敵」部隊損失過重，中英兩軍已在各自的戰場獲勝，加上獲得邱吉爾支持的溫格特已經離世，盟軍遂解散「殲敵」部隊，香港志願連則於印度繼續進行訓練。

　　早於 1944 年 11 月，哥活已為香港志願連撰寫了詳細報告，討論這個「灰姑娘部隊」（Cinderella Unit）的將來。當時，駐印皇家工兵有意安排他們成為類似第一次世界大戰時的勞工隊，在兵工廠工作。可是，哥活認為他「不能想像比此舉更浪費珍貴資源的方法」。此外，志願連有不少華兵希望接受降落傘訓練，雖然哥活歡迎此舉，但他反對把華兵們當成普通傘兵使用，因此舉將分散了較為活躍，而且能說英語的華兵。他亦出於同樣理由，反對把華兵分割使用在皇家通訊兵團和 136 特種部隊。他直言志願連的成份複雜，其中 20 多名能以英語溝通無礙的士兵和士官成為各部隊的爭奪對象。他們在緬甸孟拱作戰期間已經顯示了他們作為聯絡人員的價值，而且他們可以閱讀日軍檔案上的漢字，使他們成為重要的前線情報人員。當時已有四名志願連的士兵接受了日語訓練，準備成為情報人員。他亦提到美軍曾利誘這些士兵，成為他們的聯絡人員。[99]

　　哥活建議英軍維持志願連的編制，使所有華兵留在同一個部隊，令他們有被照顧的感覺，而且不應把他們看成一般的戰鬥部隊，而是有特殊功能的前線支援部隊，負責情報、偵察及翻譯等任務。他亦認為這個部隊的英籍指揮官必須懂得廣東話，其副手和士

官則為華人。至於已經前往其他部隊協助的個別官兵，則可留在那些部隊，但行政上仍交由志願連管轄，以維持部隊完整。最後，他特別提到志願連於 1943 年有近半年在印度無人問津，這個經歷對他們打擊不少，因此英軍當局不應重蹈覆轍。他亦指出志願連的政治重要性：「香港華人在我們麾下作戰的宣傳效果不容小覷，尤其我們現在正承受戰後交還香港的壓力。」[100]

香港志願連在印度備戰期間，該部組建了一個降落傘排，預定在泰國執行任務，另有四人被調往軍官訓練中心（Officer Cadet Training Unit）接受進階訓練。其中鄭治平成為情報少尉（其後升任上尉），林惠祺（Lam Wye Kee）則成為步兵中尉（其後升任上尉）。兩人是除了英軍服務團的軍官以外，英國陸軍中最早成為正規軍官的華人。選拔委員會認為林氏「智力普通、有足夠經驗、而且有沉着的領導才能和腳踏實地的態度」。香港退伍軍人聯會現存一張英國陸軍元帥蒙哥馬利（Bernard Montgomery）檢閱軍官的照片，相中林惠祺接受蒙帥檢閱。

至 1944 年 12 月，香港志願連尚有人員約 110 人。[101] 其後，英軍計劃反攻馬來亞，遂把志願連編入剛成立的馬來亞特種部隊「東南亞偵察兵」（South East Asia Guides）之中。志願連絕大部份成員為居港華人，以廣東話為母語，但被編進馬來部隊之中，更要開始學習馬來語。此奇怪的安排似為缺乏東南亞知識和同理心的英軍參謀之手筆，亦可見當時不少白人軍官仍不免被種族主義影響。東南亞偵察兵將為進入馬來亞的英軍擔任先頭部隊，從事情報、帶路、阻止日軍炸毀橋樑、安撫居民等工作。可是，部隊成員五花八門，大多為曾於馬來亞工作的各國人士，甚至有一名捷克籍軍官。布朗上尉獲上頭通知，如不加入偵察兵部隊，則香港志願連將會被解散。「東南亞偵察兵」有近一半成員來自香港志願連，但志願連加入

第一名華人正規陸軍軍官林惠祺上尉（二次世界大戰退
役軍人會提供）

林惠祺上尉接受蒙哥馬利元帥檢閱（香
港退伍軍人聯會提供）

部隊後，一直與其他人員格格不入。正如威爾遜所言，頗有「各家自掃門前雪」之感。[102]

1945 年春，志願連約 70 人組成先遣隊，由印度轉往英軍光復不久的仰光，準備由該地乘飛機進入馬來亞，只待上峰一聲令下。可是，抵達仰光後，志願連發現該地英軍不知有此特種部隊（該部詳細資料當時為秘密），部隊的縮寫（SEA）[103] 更使當地英軍以為他們是船隻的領航員。他們又再被送到和度拉里一樣的中轉營協助建築工程，後來威爾遜把部隊加入憲兵隊，才使部隊得以前往緬甸南部進行本來的任務，直至戰爭結束。[104] 雖然外交部和哥活曾希望利用志願連成為光復香港的尖兵，但部隊在日本投降時已四散在馬來亞。戰後，志願連被送往吉隆坡附近的波德申（Port Dickson），暫時充任新組建的馬來亞團（Malay Regiment）的一部份。其時，華兵主要負責分發薪金予被日軍俘虜的英軍，並向戰俘們查詢日軍的戰爭罪行。最後，志願連中約有 100 人於 1946 年 2 月回港，餘下的人決定在新加坡和馬來西亞定居，更有一人前往英國剛成立的空中特勤隊（Special Air Service）服役。[105]

日本無條件投降後三日，哥活特地致函陸軍部負責中國事務的曉士少校（Harry Owen-Hughes），囑託他照顧香港志願連的官兵及其家屬：

> 我希望我們可以盡力照顧他們。他們的忠誠以及為帝國服務的意願均無可置疑⋯⋯他們關心家人比自己更甚，因此，最重要是照顧他們的家人，並把後者儘快送回香港⋯⋯我希望可以和他們重逢。[106]

1982 年，當一眾香港志願連的老兵發現威爾遜和哥活仍然健

香港志願連在印度合照（香港退伍軍人聯會提供）

1982 年哥活（右二）回港，身旁為鄭治平
（香港退伍軍人聯會提供）

在，即邀請兩人重回香港，與眾人團聚。[107]哥活不無驚訝地發現眾華兵「頗為享受」緬甸戰役的經歷。[108]楊威廉亦曾向訪問者道：「我不介意再來一次，那時我們（志願連）就像個大家庭。」[109]由此可見，該部在緬甸的苦戰中已凝聚了頗強的向心力。

1946 年倫敦勝利巡遊中的香港華籍英兵

為慶祝戰勝軸心國，英國政府於 1946 年 6 月 8 日在倫敦舉行盛大的閱兵典禮。曾於第二次世界大戰期間服役的香港部隊亦派出代表參加，出席部隊包括：香港皇家後備海軍、香港防衛軍、香港志願連、香港工兵連[110]，以及民防人員。他們與其他英國殖民地部隊一同參與巡遊，隊列位於直布羅陀和馬來亞之間。部隊先由大理石拱門（Marble Arch）出發，沿牛津街到達查寧坊（Charing Cross），抵達特拉法加廣場（Trafalgar Square），再前往國會和白廳（White Hall）一帶，沿林蔭路（The Mall）經白金漢宮到達海德公園。

據 1946 年 6 月攝於倫敦的一幅照片（右圖）顯示，參加勝利閱兵的官兵共有 29 人，其中有兩人是英籍軍官，包括代表團的指揮官布朗上尉（頭戴皇家坦克團的黑色貝雷帽）和一名皇家後備海軍的軍官，以及包括英軍服務團李玉彪上尉等華人和混血兒軍官。相中眾人戴上不同軍帽，其中有防衛軍的大盤帽、叢林帽（「殲敵」部隊，有一人頭戴貝雷帽）、水兵帽（後備海軍）、貝雷帽（英軍服務團）、皇家工兵和砲兵的軍用扁帽等，反映了香港華人在反軸心國的戰爭中的廣泛參與。在相片中，華兵和混血兒士兵們面帶笑容，擺出不同姿勢，外觀比戰前的華人新兵更為成熟，身上亦配上各種勳章。

1946 年 6 月於倫敦參加勝利遊行的香港官兵
（香港退伍軍人聯會提供）

　　戰後，曾參與 1941 年香港戰役的華人或混血官兵，不論來自正
規軍（香港團、皇家砲兵、工兵、志願連和後勤團）或是防衛軍和
皇家後備海軍，均獲得 1939 至 1945 年戰爭星章（War Star）、太平
洋戰爭星章（Pacific Star）、防衛勳章（Defence Medal）和戰爭勳
章（War Medal）。在志願連服役者則額外獲得緬甸戰役星章（Burma
Star）。這些在抗日戰爭期間立下汗馬功勞的老兵在戰後都得到優
待。例如，早於 1930 年代加入英軍的華工程兵朱振民在香港戰役
前被調到香港華人軍團，曾參加九龍和黃泥涌峽等地的戰鬥；香港
投降後，他前往中國大陸加入英軍服務團，負責極為危險的通訊員
（runner）任務。[111] 他退役後加入香港警隊成為反貪污部的一員，在

1970 年官至高級督察，更曾獲得殖民地警察勳章（Colonial Police Medal）。[112]

可是，正如分析 1946 年倫敦閱兵典禮影像紀錄的湯禮時（Tom Rice）指出，來自各殖民地的部隊一方面代表了各英國殖民地對其宗主國的忠誠，亦同時反映了兩者之間在政治權力之間的張力。[113] 在英國國內放映的新聞片段中，英國的海陸空三軍始終是焦點，來自世界各地的殖民地部隊鮮有被提及。另一方面，在殖民地放映的版本中，各殖民地才是主角，英帝國的團結亦一再被強調。從殖民地來到倫敦的各地士兵受到英國民眾的歡迎，一面慶祝為自由而戰的勝利之餘，似乎難免會質疑其家鄉在政治上所處的從屬地位，以及在殖民地每日存在的社會不公。從下章可見，雖然英國政府在戰時和戰後優待參戰華兵，而且身在前線的華兵與其英籍同袍建立了一定的深厚的信任與感情，但距離華人在英國軍隊獲得平等待遇，尚有一段頗長的道路。

小結

太平洋戰爭期間，香港華人並非只是被動的受害者。日軍佔領香港後，有不少華籍英兵離開日佔香港後前往中國大陸，少數投效國軍或美國在華南的陸軍航空隊，大多則重回英軍繼續服役。[114] 他們或參與英軍服務團在華南地區與國共兩軍從事地下抗戰和救護難民，或跟隨香港志願連在緬甸的原始森林中作戰。前者在華南的活動對日軍造成不少干擾，更鼓舞了被日軍囚禁的各國軍民。後者雖然在盟軍高層眼中只是毫不起眼的「灰姑娘部隊」，而且在戰後迅即被遺忘，但它在緬甸戰役中卻拖住了日軍增援密支那的部隊，對盟軍的勝利功不可沒。此外，尚有在戰爭期間於皇家海軍艦艇服役的

華人水兵在香港淪陷後亦繼續作戰，雖然人數不多而且相關資料甚少，但其獨特經歷亦是香港華人在第二次世界大戰的經驗的一部分。

註釋

1 "Hongkong Volunteers," 28/11/1944, CO820/60/4.

2 "Prisoner of War Diary of Chief Signal Officer, China Command, Hong Kong, 1941-1945," 940 547252 PRI.

3 Shamus Wade, "The Hong Kong Volunteer Company: Lasting Honour 1941, Lasting Dishonour, 1984?," 1984, PRO-REF-044, HKPRO, p. 1.

4 Maximo Cheng Interview, 26/4/2001, IWM, 21133.

5 Maximo Cheng Interview, 26/4/2001, IWM, 21133; Raymond Mok Interview, 26/4/2001, IWM, 21134.

6 戰後成為九龍倉大班。

7 "List of Chinese who reported to the British Army Aid Group from Hong Kong," EMR-1D-03, Hong Kong Heritage Project (HKHP).

8 Edwin Ride, *BAAG, Hong Kong Resistance*, pp. 328-329.

9 Patrick Yu Shuk-siu, *A Seventh Child and the Law* (Hong Kong: Hong Kong University Press, 1998), pp. 44-51.

10 Edwin Ride, p. 11.

11 London Gazette, No. 35595, 12/6/1942, p. 1.

12 "Report on the Activities of a M.I.9/19 Organization Operating in South China," Elizabeth Ride Collection, HKHP.

13 Edwin Ride, pp. 60-61.

14 Edwin Ride, p. 84.

15 Edwin Ride, p. 62.

16 戰前為官學生，香港戰役期間加入 Z 部隊，戰後官至輔政司，署理港督。

17 Edwin Ride, pp. 310-311.

18 Paul Tsui Memoir, Chapter XII.

19 Edwin Ride, p. 86.

20 "B.A.A.G," 24/5/1947, Elizabeth Ride Collection, HKHP.

21 現時已有不少有關英軍服務團以及東江縱隊的書籍或論文，例如：Edwin Ride, *BAAG, Hong Kong Resistance*, op. cited; Chan Sui-jeung. "The British Army Aid Group," 載陳敬堂、邱小金、陳家亮編，《香港抗戰：東江縱隊港九獨立大隊論文集》（香港：香港歷史博物館，2004）；Chan Sui-jeung, *East River Column: Hong Kong Guerrillas in the Second World War* (Hong Kong: Hong Kong University Press, 2012)；陳瑞璋，《東江縱隊：抗戰前後的香港遊擊隊》（香港：香港大學出版社，2012）；香港里斯本丸協會編，《戰地軍魂：香港英軍服務團絕密戰記》（香港：畫素社，2009）。

22 Edwin Ride, p. 80.

23 Edwin Ride, p. 84.

24 Edwin Ride, pp. 201-203.

25 Paul Tsui Memoir, Chapter XIII.

26 Edwin Ride, pp. 126-163.

27 Paul Tsui Memoir, Chapter XIII.

28 Edwin Ride, pp. 191-206.

29 Edwin Ride, pp. 172-177.

30 "Hong Kong Chinese Regiment," EMR-1D-05, HKHP; Shamus Wade, "The Hong Kong Volunteer Company," p. 5.

31 告山奴本人曾參加行動；有關此行動詳見 Eddie Gosano, *Hong Kong Farewell* (1997), p. 14；香港里斯本丸協會編，《戰地軍魂：香港英軍服務團絕密戰記》。

32 Hong Kong Volunteer and Ex-Pow Association of NSW, "Occasional Paper Number 9: the Hong Kong Volunteer Company," Apr. 2012.

33 "Royal Artillery," EMR-1D-08, HKHP.

34 Ibid.

35 "Royal Engineers," EMR-1D-07, HKHP.

36 "Royal Artillery," EMR-1D-08, HKHP.

37 Ibid.

38 "Royal Engineers," EMR-1D-07, HKHP.

39 Tony Banham, "Hong Kong Volunteer Defence Corps, Number 3 (Machine Gun) Company," p. 128.

40 "Lt. Col. Ride to Military Attaché Chungking," 12/11/1942, Hong Kong Heritage Project.

41 Shamus Wade, "The Hong Kong Volunteer Company," p. 2.

42 "Nominal Roll of Unit from China," 21/5/1943, HKHP.

43 "Royal Artillery," EMR-1D-08, HKHP.

44 Ibid.

45 "Royal Engineers," EMR-1D-07, HKHP.

46 Ibid.

47 Maximo Cheng Interview, 26/4/2001, IWM, 21133.

48 有關英軍在第二次世界大戰期間於東南亞的作戰，見 Christopher Bayly and Tim Harper, *Forgotten Armies*, op. cited。

49 以聖經人物基甸士師命名。

50 Abyssinia，今埃塞俄比亞。

51 意大利於 1935 年入侵阿國，並於 1939 年佔領英屬索馬里。

52 Chris Bellamy, *The Gurkhas: Special Force*, pp. 222-225.

53 Christopher Bayly and Tim Harper, *Forgotten Armies*, pp. 279-304.

54 稱為「梅里襲擊者」（Merrill's Marauders）。

55 正式番號為印軍第 30 師，30th Indian Division。

56 "Hongkong Volunteers," 28/11/1944, CO820/60/4.

57 Shamus Wade, "The Hong Kong Volunteer Company," p. 2.

58 Michael Calvert, *Fighting Mad* (London: The Adventurers Club, 1964), p. 21.

59 Michael Calvert, *Fighting Mad*, p. 21; Shamus Wade, "The Hong Kong Volunteer Company," p. 2.

60 Shamus Wade, "The Hong Kong Volunteer Company," p. 3; Maximo Cheng Interview, 26/4/2001, IWM, 21133.

61 "China Unit - Nominal Roll," 1943, HKHP.

62 Shamus Wade, "The Hong Kong Volunteer Company," p. 13.

63 Michael Calvert, *Prisoners of Hope* (London: Leo Cooper, 1971), pp. 41-42.

64 Shamus Wade, "The Hong Kong Volunteer Company," pp. 14-15.

65 Maximo Cheng Interview, 26/4/2001, IWM, 21133.

66 邱偉基先生訪問引述鄭治平，2013 年 9 月 3 日。

67 時任東南亞戰區副司令。

68 國軍孫立人將軍指揮。

69 國軍衛立煌將軍指揮。

70 Chris Bellamy, *The Gurkhas: Special Force*, p. 27.

71 Michael Calvert, *Fighting Mad*, p. 158.

72 "War Diary of the Hong Kong Volunteers," WO 172/5057。此檔案由 Tony Banham 提供，特此鳴謝。

73 Shamus Wade, "The Hong Kong Volunteer Company," p. 3.

74 各部人數由 Tony Banham 提供，特此鳴謝。

75 WO 172/5057.

76 Mike Calvert, *Fighting Mad*, p. 170.

77 Maximo Cheng Interview, 26/4/2001, IWM, 21133.

78 WO 172/5057.

79 Maximo Cheng Interview, 26/4/2001, IWM, 21133.

80 Chris Bellamy, *The Gurkhas: Special Force*, p. 229.

81 Michael Calvert, *Prisoners of Hope*, p. 182; WO 172/5057.

82 WO 172/5057.

83 Michael Calvert, *Prisoners of Hope*, pp. 222-223.

84 Michael Calvert, *Fighting Mad*, p. 198; Michael Calvert, *Prisoners of Hope*, p. 240.

85 Michael Calvert, *Fighting Mad*, p. 201.

86 WO 172/5057.

87 Michael Calvert, *Prisoners of Hope*, pp. 289-290.

88 Michael Calvert, *Prisoners of Hope*, p. 299.

89 Michael Calvert, *Prisoners of Hope*, p. 304.

90 「ビルマ方面部隊略歷」，〈部隊歷史〉，《防衛省防衛研究所陸軍一般史料》，国立公文書館アジア歷史資料センター，Ref：C12122447000。此資料由蔡耀倫先生提供，特此鳴謝。

91 "A Short Hisoty of the Hong Kong Soldier," *in Journal of the Hong Kong Soldiers' Association*, Vol. 1 (1968), unpaginated.

92 "Citation for Bronze Star Medal," WO373/149.

93 "Copy of HQ Special Force Letter No. A3130," 22/8/1944, CO820/60/4.

94 Ibid.

95 "Ruston to Scott," 26/2/1945, CO820/60/4.

96 "FO to Chungking," 9/3/1945, CO820/60/4.

97 "Military Attache to Chungking," 5/5/1945, CO820/60/4.

98 Shamus Wade, "The Hong Kong Volunteer Company," pp. 6-7.

99 "Hongkong Volunteers," 28/11/1944, CO820/60/4.

100 Ibid.

101 Shamus Wade, "The Hong Kong Volunteer Company," p. 13.

102 Shamus Wade, "The Hong Kong Volunteer Company," pp. 8-9.

103 東南亞一詞在第二次世界大戰時才出現,當時尚未普及。

104 Shamus Wade, "The Hong Kong Volunteer Company," p. 10.

105 *Dragon Journal: Commemorative Issue*, p. 26.

106 "Brig. J. M. Calvert to Maj. Owen-Hughes," 18/8/1945, CO820/60/4.

107 哥活在 1998 年逝世。

108 Shamus Wade, "The Hong Kong Volunteer Company," p. 4.

109 Ibid.

110 Hong Kong Pinoeer Company,詳見下章。

111 "HQ, BAAG to Geural," 1/1/1945, Elizabeth Collection, HKHP.

112 由於其戰功顯赫,朱振民得以抵抗警隊同僚的壓力,成為拒絕貪污的警官。資料由
陳瑞璋先生提供,特此鳴謝。

113 "Victory Parade," Colonial Film, BFI 21304. http://www.colonialfilm.org.uk/node/1579

114 目前未有資料顯示 1941 年香港戰役後有華籍英兵加入東江縱隊或其他中共隊伍。

05

戰後的華人英軍

我完成（三年）任期離開時，終於記住了 1,642 個士兵的名字和樣
貌；對從未見過華人的我而言，這是個必要的步驟。[1]

—— 1960 至 1963 年擔任香港華人訓練團司令的

居活（Girdwood）少校

我來到香港以前，聞所未聞有此部隊（香港軍事服務團），還想像
它是類似辮子軍的兵團（pigtail brigade）。可是，他們非常西化、勤
奮好學、而且紀律嚴明……[2]

—— 香港軍事服務團司令依靈禾（Richard Illingworth）中校

駐港英軍中的華人部隊

在冷戰與社會經濟發展的背景下，香港殖民地政府和市民的關
係日漸改變，華籍英兵在此期間亦擔任更為廣泛的任務，並經歷了
從隔離到平等的轉變。華兵人數亦由 1945 年只有約 500 名增加至近

1,500 名（1990 年）。[3] 華兵們不但親歷 1956 年雙十暴動和 1967 年暴動等重大事件，同時亦見證了駐港英軍日漸縮編，最後完全撤出的過程。

1946 年，駐港英軍重新徵用華兵，成立了「香港工兵連」（Hong Kong Pioneer Company），部隊暫時由皇家海軍第 44 特種旅（44th Commandos Royal Marines）的軍官指揮，以快活谷馬場為基地。所謂工兵連只是一個接收部隊，負責收容所有曾於英軍服役的華兵，並非真正的工兵部隊。不同部隊的華兵，不論戰時經歷，均可向工兵連報到，軍方會就其經歷（如參加香港保衛戰）發出證明，並補發薪水，華兵亦可選擇繼續服役或退伍。工兵連並無實質任務，只負責在駐港英軍總司令部及其他設施中站崗。香港志願連回到香港後，和工兵連合併，成為「香港陸軍訓練營」（Hong Kong Chinese Cadre Company）[4]，歸志願連連長布朗一體指揮，並遷入鯉魚門軍營。[5] 在該部教官的合照（右圖）中，有兩名華人士官與英籍人員共座，前排較年長者的袖章顯示他是連隊士官長，他就是前述 1941 年華工程兵在粉嶺訓練的照片中，帶領部隊的華人士官沈來興。由此可見，這些曾經和英軍並肩作戰多年的華人老兵在英軍中已頗受尊重。

訓練營士兵負責訊問日本戰俘、在重要設施站崗，以及邊境巡邏的任務。時值國共內戰，訓練營在中港邊境巡邏時，主要負責打擊偷運可用於製造子彈的鎢金屬（tungsten）和阻止人口販子拐帶平民到中國大陸當兵。有一次，訓練營士兵於行動中被駐港皇家海軍陸戰隊以迫擊砲砲轟，士兵通過無線電用英文大罵英兵，後者道：「我們以為你們是中國人！」訓練營士兵回應：「嗯，我們是中國人，我們還以為自己跟你們（英兵）是一夥的！」（Well, we are - but we thought we were on our side!）[6]

香港陸軍訓練營部份教官合照（香港退伍軍人聯會提供）

　　由於不少曾經參與第二次世界大戰的老兵加入到政府工作（例如鄭治平成為工廠督察，林惠祺則成為海關幫辦），因此軍方於1947年再度改編華人陸軍部隊，將其更名為「香港華人陸軍訓練團」（Hong Kong Chinese Training Unit），仍交由香港志願連的布朗（已晉升為少校）率領，首輪入伍者共有118人，全部接受20星期的軍事訓練，然後發配至各部隊。軍方希望訓練團可以提供約800至1,000名後勤人員，以減輕英軍人員的壓力。該部第一期第一隊學員曾於1948年1月26日畢業時留影，相中有26名學員，前排坐着中英教官各一，以及一名便裝華人，可能為該部的行政人員。眾學兵笑容滿面，與戰前的緊張氣氛又有所不同。香港華人陸軍訓練團的教官中，亦有曾經參戰的華兵，包括曾參與香港志願連在緬甸作戰，戰後獲港督葛量洪（Alexander Grantham）頒發英帝國勳章的二

香港華人陸軍訓練團第一期第一隊學員畢業留影
（香港退伍軍人聯會提供）

級准尉林發。

　　至 1960 年，全部華人陸軍共有約 800 人，訓練團每 14 星期訓練 200 名新兵，軍方打算將華兵的員額增至 1,718 人。當時，全港英軍只有約 10,000 人，可見英軍對華兵頗為依賴。據 1960 年代初期負責訓練新兵的居活少校回憶，他三年任期內共記住了 1,642 個士兵的名字和樣貌，他認為「對從未見過華人的我而言，這是個必要的步驟」。[7] 剛好一個世紀前在華南和香港徵募苦力兵的英軍官兵應能理解他的感受。至 1962 年 9 月，鑑於華兵人數眾多，英軍成立了「香港軍事服務團」（Hong Kong Military Service Corps），以統轄所有在港服役的華籍陸軍英兵。香港軍事服務團屬於英國陸軍中

1961 年華人陸軍訓練營的士兵
（香港退伍軍人聯會提供）

的「一般服務團」（General Service Corps），是「後勤兵」（Supporting
Arms）的一種，與例如步兵、裝甲兵等「戰鬥兵種」（Combat
Arms，又稱 Teeth Arms）不同，但實際訓練和戰鬥準備程度卻分別
不大。

　　香港軍事服務團名義上的總司令（Commandant）是駐港英國
陸軍副司令，通常為准將。司令（Commanding Officer）和負責鯉
魚門基地者則是一名英籍中校，屬下有一名英籍和一名華人少校團
副（後者在 1980 年代才開始出現），下轄華籍和英籍的軍官、軍士
長和士官等，士官以下則全為華兵。自 1962 年成軍以來，服務團即
使用駐港英軍的徽章為標誌。該徽號為紅底，中間有一黑色部份，

有關林發獲贈英帝國勳章的剪報（香港退伍軍人聯會梁慶全先生及林光明先生提供）

二級准尉林發獲獲贈英帝國勳章，頒贈者為港督葛量洪（林光明先生提供）

二級准尉林發的勳章，左起依次為：英帝國勳章、戰爭星章（1939-1945）、緬甸星章、防衛勳章、二次大戰勳章（1939-1945）、女皇登基紀念章、陸軍長期服務及品行勳章（林光明先生提供）

香港軍事服務團士官兵進行訓練，1970
年代（香港退伍軍人聯會提供）

其上有一隻金黃色的龍（一說為中國龍，一說為減去翅膀的威爾斯龍），該龍有四腿，作張牙舞爪狀。在 1962 至 1985 年間，服務團以鯉魚門軍營為基地，其後遷往昂船洲，直至 1997 年才解散。在 1962 至 1997 年間，至少有 6,000 人曾經加入香港軍事服務團，是最多華人服役的正規部隊。

一般而言，英國政府並不要求華籍陸軍士兵在海外作戰，因此絕大部份華兵均長期在香港服役。在 1970 年代中期，在香港使用正規華籍英兵（全部隸屬香港軍事服務團）的陸軍部隊包括 [8]：

- 皇家裝甲團車中隊（RAC Squadron）
- 第 3 騎砲團（3rd Regiment RHA）
- 第 54（香港）工兵支援中隊（54th Hong Kong Support Squadron RE）
- 第 27 通訊隊（27th Signal Regiment）
- 英王團第 1 營（1st Bn. Kings Regiment）
- 黑衛士團第 1 營（1st Bn. Black Watch）
- 猛龍連（Dragon Company），駐港英軍司令部和主要軍營的警衛連，全由華兵組成
- 第 29 陸軍車隊（29th Squadron RCT）
- 第 56 陸軍車隊（56th Squadron RCT）
- 陸軍艇隊（Marine Troop RCT）
- 第 414 騾馬隊（414 Pack Transport Troop RCT）
- 三軍醫院（British Military Hospital）
- 第 18 野戰救護站（18th Field Ambulance）
- 軍需處（Composite Ordnance Depot RAOC）
- 第 50 電機廠（50 Comd Workshop REME）

香港皇家後備海軍，1950 年代（陳鳳碧女士提供）

香港軍事服務團軍徽（周家建博士提供）

皇家運輸團第 29 中隊的英籍和華籍官兵合照，1970 年代初（香港退伍軍人聯會提供）

皇家運輸團第 414 騾馬隊人員接受皇家運輸團指揮官倫士度少將（Maj. Gen. Errol Lonsdale）
檢閱，1970 年（香港退伍軍人聯會提供）

皇家運輸團第 56 中隊（56 Sqn RCT）人員在遠東陸軍部隊（Far East Land Forces, FARELF）的駕駛比賽中獲獎，1970 年（香港退伍軍人聯會提供）

- 香港憲兵連（Hong Kong Provost Company RMP）
- 香港軍犬連（Hong Kong Dog Company RMP）
- 各軍營營務隊及教育人員

皇家海軍在戰後亦招募了大量船塢工人，亦繼續招募華人加入海軍。直至韓戰於 1953 年結束以前，皇家海軍在香港短暫恢復了戰前常駐香港的第 5 巡洋艦戰隊的建制，並重組香港華人海軍分隊，再次招募華人在這些軍艦上擔任水兵。例如，水兵鄭文英即於巡洋艦倫敦號（HMS London）上擔任管事部人員。[9] 該艦屬於 1920 年代建造，在 1930 年代曾駐紮香港的條約型標準巡洋艦，在 1950 年代已是舊式艦隻。水兵方華則曾於巡洋艦貝爾法斯特號（HMS Belfast）及航空母艦上服役。[10]

這些華人水兵大多是廚師和管事部（Steward）人員，在戰鬥時通常是救傷隊人員。例如，海軍士官顧先祺（Gu Hsin Kieh）在韓戰期間於防空巡防艦（Anti-Air Frigate）加多近灣號（HMS Cardogan Bay）擔任管事部人員，並於戰鬥中因英勇行動而獲得「戰報嘉獎」（Mention in Despatches）。[11] 另一名獲得嘉獎的水兵吳亞貴（Ng Ah Quai）亦來自管事部。[12] 1965 年，英國下議院議員霍華德（Grenville Howard）指出，海軍可以考慮在香港招募更多華人在亞洲擔任管事部人員，以分擔英籍人員不太願意承擔的工作，如廚師或軍官侍從等非戰鬥任務。[13] 至 1970 年代，有數百名華人皇家海軍水兵在軍艦或香港的添馬艦海軍基地（HMS Tamar）服役，最高官至一級准尉，即正式軍官以下最高的階級。該名准尉負責統轄所有華人海軍分隊的「本地徵募人員」（Locally Enlisted Personnel, LEP）。戰後，由於皇家海軍在亞洲已不再活躍，規模不斷縮減，華人水兵和輔助人員的數目亦隨之減少。1958 年，皇家海軍關閉位於港島金鐘的海軍

1904 年在香港加入皇家海軍的謝丹（右三；Sei Tan，音譯）在英國恐龍號（HMS Dinosaur）兩棲作戰基地（Combined Operations Base）擔任廚師，其屬下有 22 名華洋管事員。當時他已在 29 艘皇家海軍的艦艇服役。照片攝於 1944 年 5 月諾曼第登陸前夕（IWM）

皇家海軍的華籍管事員在添馬基地準備食物，1990 年代初（香港退伍軍人聯會提供）

兩名華籍皇家海軍水兵，1960 年代
（方華先生提供）

華籍皇家海軍方華在英國航空母艦
上，後面為皇家海軍航空隊的海暴風
（Sea Fury）型戰機（方華先生提供）

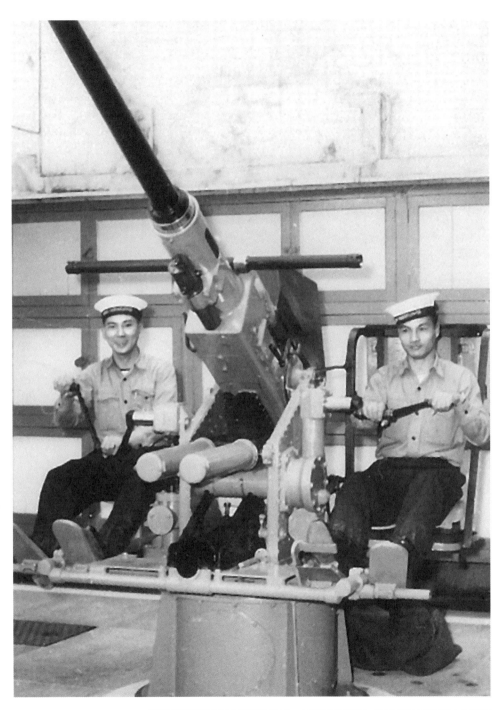

香港皇家後備海軍操作波福斯（Bofors）40 毫米高射砲，1950 年代（陳鳳碧女士提供）

基地，遣散了數千名華籍船塢人員。至 1970 年代，隨着皇家海軍在亞洲的艦隻數目日益減少，海軍部於 1976 年再次裁減了大量華籍官兵，大多是管事部的人員。至 1990 年代初，添馬艦基地和駐港各艦上有約 300 人。[14]

除了正規海軍軍人外，皇家海軍的船上尚有其他來自香港的華人。在亞洲服役的皇家海軍軍艦上，一般都有在本地招聘的洗衣工人在船上工作。這些洗衣工大多是來自新加坡或香港的華人，視乎該艦母港所在地而定。軍艦完成為期兩年半的亞洲駐紮任務後，華人洗衣工均會下船，然後由英籍士兵接替。後來，華工會隨船到達英國，再換乘前往亞洲服役的艦船。至 1950 年代，華人洗衣工在英國和英聯邦國家如加拿大的軍艦上已屬常見。[15]

在 1982 年英國與阿根廷交戰的福克蘭戰爭（Falkland War）期間，有近 300 名香港華人負責駕駛船隻或擔任洗衣工，但他們是皇家海軍臨時徵用的外判人員，屬於海軍輔助隊（Royal Navy Auxillary）或非正規的 HKC（Hong Kong Chinese Seamen），並非軍人。[16] 在海灣戰爭期間，亦有約 30 名洗衣工在英軍軍艦上。[17]

戰後，香港恢復了各非正規部隊的建制，亦容許更多華人加入。1949 年，香港防衛軍重新建立，擁有自己的海、陸、空三軍，其中陸軍部份稱為「香港義勇軍」（Hong Kong Regiment (The Volunteers)），1951 年 5 月再冠名「皇家」二字，至 1995 年解散。除了志願陸軍以外，皇家空軍亦有招募華人後備空軍（The Hong Kong Auxiliary Air Force）和海軍人員（Hong Kong Royal Naval Volunteer Reserve），但人數不多。[18] 皇家空軍撤離香港後，部隊則成為政府飛行服務隊。在這個時期，華人在非正規部隊的數量增加，更成為部隊中的多數。例如，香港義勇軍在 1959 年有官兵 757 人，其中 410 名是華人，另有 245 名其他國籍人士，只有 102 名英

籍人員。另外，在海軍後備隊的 203 名人員中，亦有 113 人為華人，可見華人士兵在駐港英軍民兵部隊中的重要性。[19]

戰後香港的軍人生活

華兵之來源

戰後，香港的華兵仍是華人社會多樣性的反映。華兵們有本地居民、華兵後代、來自中國各地的難民或其後裔、各國華僑和混血兒。據 1956 年加入英軍的馮英祺回憶，當時香港百廢待舉，經濟雖然逐漸復蘇，但社會並非充滿機會，不少職業均難以得到溫飽，遑論穩定的生活。因此，馮氏雖然中學畢業，但當兵仍是少數較穩定的選擇之一。[20] 眾多華兵之中，亦有英籍居民與華人所生的第二代。例如，湯生菲臘（Philip Thompson）1930 年代在香港出生，父親是鷹嘜牛奶公司（Eagle Brand）的英籍員工，母親為華人。他年少時在廣州長大，1941 年日本對英國宣戰後一家被日軍扣留，在河南的拘留營被關押至 1945 年 8 月才被救出。他在香港繼續接受教育後，於 1952 年參軍。另有一名戰後初期加入的華兵更曾是國軍，他來到香港後成為鯉魚門軍營的體能訓練教官。[21]

親朋、鄰居、同學的影響，亦可能促使香港華人加入英軍。水兵曾松在 1953 年放棄了原本在太古洋行的高薪厚職，聽從了朋友的勸告，為了「環遊世界」而加入皇家海軍。自 20 世紀開始，可以隨軍艦周遊列國一直是皇家海軍徵兵宣傳的主題之一。曾松本來在太古的工資是每月港幣 300 元，但加入海軍後每月卻只剩下 80 元。[22] 鄭文英則因為難以找到穩定的工作，加上聽聞在海軍服役的「世叔伯」說當兵可以「免費遊埠」，因此在親戚介紹下於 1947 年加入了

海軍，當時只有 17 歲。[23] 方華則跟隨戰後參軍的父親方錫麟在 1950 年成為水兵。[24] 混血兒士兵馬冠華的父親和叔父等均為英軍。[25] 據鍾利康（Danny Chung）回憶，他在 1974 年跟隨兄長加入海軍時，有數名已服役 20 多年的高級華人准尉來自名校華仁書院，他們一同入伍，又因為良好的英語能力而獲得晉升。[26]

在 1960 至 1975 年服役的皇家砲兵砲手甄德輝，則來自巴黎外方傳教會於 19 世紀末在薄扶林創立的太古樓村。自建村以來，該村大部份村民均為天主教徒。據甄氏回憶，當時村中大部份青少年均缺乏出路，故大多投身政府工作。他有不少同輩都是公務員，或是駐港華兵，因此他在完成初中學業後亦決定參軍。在 1960 年代，有不少華人青年選擇加入紀律部隊，但「好仔不當差」的想法卻使他們傾向加入軍隊。在 1960 年代成為砲手的黃鑑泉亦受同輩影響，希望加入政府工作，遂投考警隊。可是，獲得取錄後，他的父母卻不容許他「當差」，他因而加入陸軍訓練團，受訓後成為皇家砲兵。約在同時加入皇家砲兵的梁永章亦回憶當時少有工作選擇，當兵是相對優渥的出路。[27] 1969 年入伍的區良熾亦同樣因為「好仔不當差」，加入了香港軍事服務團。[28]

至 1970 年代初期，情況亦少有轉變。例如，父母均於 1949 年自中國內地來港，1973 年加入英軍的江劍洪亦坦言社會上工作選擇不多。[29] 直至 1990 年代，興趣亦成為了華籍英兵參軍的原因。1990 年進入皇家海軍的盧昳冠在彩虹長大，當地曾有一彩虹軍營（今彩頤花園），使他自小已對軍隊生活有所認識和憧憬。[30] 同樣對參軍有興趣的冼鼎光和盧昳冠一同加入香港義勇軍，然後才加入皇家海軍。冼氏曾考慮成為警察，但認為軍隊訓練更為全面，故最終選擇了參軍。[31]

至於香港義勇軍等非正規部隊，其兵源更是五花八門，有英、

深水埗兵房，不少隸屬不同部隊的華籍士兵都在
此地駐紮，1970 年代初（香港退伍軍人聯會提供）

華、葡、印、歐亞混血等，具體反映了香港社會華洋雜處的特色。在 1960 年代，有不少香港政府的公務員像陳益中上尉（James Chan）一樣加入義勇軍。陳上尉父親為政府文員，他共有十名兄弟姊妹，其中兩位任職消防員。他在伊利沙伯中學和珠海書院就讀，其後成為政府配藥員。他一直希望參加英軍，曾經作為童軍，並於民安隊的傳訊隊（Despatch Service）中工作了數年。陳氏本希望加入後備空軍，但由於視力測驗未能通過而加入義勇軍。[32]

除公務員以外，亦有來自社會不同階層和職業的人士加入義勇軍。陳益中憶述他在義勇軍的同僚包括醫務人員、衛生督察、文員、律師等。1975 年加入義勇軍的張志明中士入伍時在一家電視台擔任助理編劇。其時，他剛從中學畢業數年，當時有不少同學加入防衛軍，他亦因而參加。他發現其義勇軍同僚中有仵作、修車技工，亦有英籍洋行高級人員（俗稱「大班」）。各人不論其社會地位，在部隊內均嚴守紀律和軍階。張志明在 1980 年代擔任士官時曾處分一名不服從的外籍士兵清潔廁所，其後才知道他是某外資大銀行的副總裁。[33]

入伍和訓練

在 1940 至 1950 年代，華兵的入伍要求相對較低。據當時入伍的水兵回憶，他們只接受了身體檢查、面試及識字測驗，並填寫表格，加上推薦人寫信證明背景清白，即可簽約成為水兵。陸軍方面亦無太多要求，小學畢業者亦會被取錄。[34] 正如不少華兵回憶，英籍官兵當中亦不乏文化水平較低者，有時甚至反過來依賴華兵協助他們處理文書工作。[35]

自 1960 年代，有志參加駐港英國陸軍者可於每星期五到達位於鯉魚門軍營的香港軍事服務團總部報到，接受英文面試，進行

香港義勇軍（周家建博士提供）

照 X 光片等身體檢查，並須通過包括跑步、單槓、引體上升（至少
需要十次）等體能測試。自 1948 至 1980 年，所有華人陸軍士兵均
由陳錦源（Chan Kam Yuen）負責面試。陳氏並非軍人，他在 1941
年成為香港華人軍團的文職人員，至戰後成為國防部海外檔案處
（Overseas Records Office）的行政主任，一直負責面試工作，直至
1980 年退休。為表揚他的長期服務，英國政府曾於 1967 年 6 月授予
他 MBE 勳銜。[36]

　　在 1962 年，香港軍事服務團的入伍資格為 18 至 25 歲的香港居
民、身高五呎以上、胸圍 30 吋以上、體重不少於 100 磅。至 1980
年代，標準提升至身高五呎三吋以上、體重不少於 110 磅。[37] 雖然
新兵訓練包括英語課程，但新兵在這之前必須略懂英語，直至後期
則改為必須中五畢業。海軍方面的應徵資格亦相應提升。總體而
言，對華籍英兵的要求比香港其他紀律部隊略高。

　　在冷戰的氛圍下，除了接受一般面試外，應徵者亦要接受情報

人員查問,以防間諜滲透。據 1960 年代初期入伍的甄德輝、梁永章、黃鑑泉三人回憶,英軍當時對華兵是否為共黨非常小心。在鯉魚門新兵訓練營期間,長官在早上列隊時,不時會宣佈一個至幾個士兵號碼,被叫號碼者會被立刻開除出隊。他們都被懷疑是共黨間諜,或被發現曾與左派接觸,或有家屬朋友屬於左派人士。可見,在受訓期間,新兵們的背景會被徹底調查。甄、梁、黃三人亦回憶他們與其他華兵均曾被警察的政治部(Special Branch)問話,因為當時曾出現華兵毆傷巴士售票員的事件,軍警雙方擔心有三合會成員滲透到軍中。在 1970 年代,新兵自應徵到被取錄之間長達數月[38],就是因為政治部需要進行詳盡的品格(與政治)審查。

華人陸軍士兵入伍後,均屬於「一般服務團」,等級為新兵(recruit),完成訓練後會成為兵士,然後再加入各特定部隊(例如第 56 陸軍車隊等)。入伍後,華兵均會被分派一個兵籍號碼。1946 至 1948 年入伍的華兵(包括重新入伍的戰前華兵)編號均有八個數字,以「1802」為首,1948 年後加入的華兵則以「1826」為首,直至約第 80 期新兵(約 1980 年)則改為「1827」為首。士兵不論因離隊、退伍、或因傷病意外離世,其兵籍號碼都不會再被使用,並無所謂「頂冧巴(號碼)」之事,讓去世的士兵「帶着號碼離開」,以表軍人間互相尊重之意。自戰後以來,所有服役期間死亡的華籍英兵均獲得軍人葬禮,軍方亦會免費將逝者永久土葬於西灣軍人墓園中。[39]

在 1960 年代,新兵訓練在 14 至 16 星期內即可完成,但時間逐漸延長,至 1970 年代末期已延長至 20 星期。1978 年入伍的關志燊直言,新兵訓練是他「一生經歷過最嚴格」的生活。入營第一日,學兵們會前往鯉魚門軍營報到,首先要剪髮,把各人的長髮變為「陸軍裝」。在「披頭四」年代加入英軍的林秉惠上尉提及不少士兵

第 27 訊號團（27 Signal Regiment）的官兵參加
一名華籍士兵的葬禮，1971 年（香港退伍軍人聯
會提供）

上士課程中畢業的華人士兵及其教官，1970 年代初（香港退伍軍人聯會提供）

不捨其時髦的長髮。[40] 剪髮後，新兵們要宣誓效忠英女王，然後獲得制服，並聆聽訓練安排。那時候已經有部份新兵因為髮型問題或不忿被責罵而離隊。

新兵進營後，每星期一至五均會在鯉魚門軍營接受訓練，逢星期五晚離營回家，星期日晚上再回營準備訓練。新兵們每日上午 6 時整起床梳洗，然後整理床鋪並打掃營房，等待教官檢閱營房和裝備。然後他們於 7 時吃早餐，食物有中式或西式。7 時 30 分完成早餐後，新兵要在半小時內換上訓練的制服，並穿上磨得發亮的軍靴，從營房跑到操場接受「鬼王」（外籍團隊士官長，Regimental Sergeant Major，通常由准尉擔任）或「人王」（華籍團隊士官長）檢閱各人的儀容、頭髮、制服及軍靴。雖然檢閱於 8 時開始，但實際上新兵們必須在 7 時 55 分到達操場。為磨煉士兵意志並建立紀律，教官對士兵的儀容裝備均有極高要求，稍有不符則會嚴加責罰。例如，有一新兵被發現軍靴不夠亮滑，士官即把其軍靴從營房三樓丟

到水泥地面,該新兵被迫整晚以鞋油不停修補打磨。因此,新兵們有時亦不敢睡在營房的床上,以免翌日起床時不夠時間收拾打掃。如果在操場時被發現服裝不整,新兵必須在下課時再接受檢閱,被發現不符合標準則會再受責罰。

團隊士官長檢閱後,新兵在 8 時 30 分起進行操槍訓練(rifle drill),其中一個動作是把重逾四公斤的 L1A1 型自動步槍不斷拋起再接住,以鍛煉手力,使新兵有足夠的手力來應付實際使用槍械時的後座力。至 9 時左右,新兵們會步操回到營房更衣,準備體能訓練,最後抵達者又會被罰。新兵的基礎訓練主要分為體能和軍事訓練兩項。體能訓練包括步操、長跑(從鯉魚門軍營跑到杏花邨碼頭來回跑)、俗稱「谷魚」的掌上壓、攀繩索、「舉大杉」(五至八人抬一根木杉上山)、器械操等項。此外,新兵亦會利用諸如健身球等用具進行訓練。該球外表類似籃球,內裏全為沙粒,新兵們把球互相拋來拋去,以訓練反應。如果沙球落到地面,新兵則會被罰。關氏憶述有一新兵因沙球掉下,被罰撿回操場上所有枯葉。此外,尚有俗稱「煎魚」的訓練。被「煎」者要躺在地上被曝曬,以鍛煉耐力、意志和信心。正如軍犬隊士兵余振華指出,如兵士犯錯,則全隊會被罰掌上壓,或抬彈殼、陸軍櫃等重物。可是,他亦指出這些訓練和懲罰都是為了培養士兵的紀律和服從,並非為了留難或戲弄新兵。此外,士兵們亦會進行隊際比賽,例如各類球類運動,以建立團隊精神。

軍事訓練則包括槍械使用、急救、閱讀地圖、野戰戰術、軍例與紀律、消防、生化核訓練(主要關於如何穿上防護衣物)、內部保安(包括如何進行搜查)等。在 1970 年代,士兵們訓練時使用的槍械包括史密斯 13 曲尺手槍、手提式輕機槍(submachine gun)、輕機槍(light machine gun)以及自動步槍(1960 年代開始使用)。

雖然華籍陸軍全會被編入香港軍事服務團，而且大部份均為擁有特殊技能的技術人員，但他們全都需要接受正規步兵的訓練，使他們在必要時可以作為步兵戰鬥。正如訓練連連長菲大衛少校（David Freeman）在 1985 年接受訪問時指出：「新兵教育以步兵訓練為中心，強調體能、閱讀地圖、武器操法、野戰工事，以及軍事知識。他們亦要學習急救、無線電程序等其他技能。當然，如果我忘了提到步操，團隊士官長必定會對我懷恨在心。」[41] 華兵武器訓練之優良，曾使他們在 1985 年贏得英國陸軍的射擊比賽冠軍。[42]

此外，香港軍事服務團的士兵均要接受英文教育，以及特定技能的訓練，兩者都是為了方便華兵在其他駐港英軍部隊中服役。在一本 1970 年代的徵募手冊中，香港軍事服務團士兵將獲安排以下各項專業受訓：

- **甲類專業**（Group A Trade）
武器維修員、實驗室技術員、海事工程人員、領航員、手術室技術員、電訊人員

- **乙類專業**（Group B Trade）
護理員、文員、廚師、軍犬訓練員、司機（汽車）、司機（騾馬）、電話線技工、機械技工、海員、軍火管理員、物資管理技師

- **丙類專業**（Group C Trade）
軍犬員、狗屋人員、教育人員、體能訓練員、訓練員、物資管理員、雜務

華兵正使用布倫輕機槍
（Bren Gun）進行訓練（香
港退伍軍人聯會提供）

華兵進行步槍射靶訓練（香
港退伍軍人聯會提供）

正在進行步操的陸軍訓練團華兵，1940 年代末期（林光明先生提供）

新兵的常規訓練通常在下午 5 時結束，然後有一個小時的自修時間，於 6 時開始晚餐，食物亦有中式和西式，包括牛肉、蕃茄、薯仔、米飯等。晚餐結束後，士兵將會自修和溫習，並於 9 至 10 時有自由活動時間，營房於 10 時關燈。關燈後，不少新兵尚要在營房中點上蠟燭，在黑夜中擦拭軍靴。[43]

華籍陸軍士兵在服役期間仍需不斷接受操練，其中不少訓練課程會在海外進行。在 1960 年以前，華兵通常會在馬來亞半島接受叢林戰訓練，其後改為在汶萊進行。最後官至上尉的梁玉麟曾於汶萊與英王團（King's Regiment）的士兵進行叢林戰對抗訓練。他憶述英兵雖然訓練有素，但作息時間死板，每日晚餐時間分毫不差。他特地率領香港士兵在他們用餐時發動突襲，殺他們一個措手不及。[44] 在叢林訓練通常約為一個星期，期間士兵過着非常艱苦的生活，不但不能洗澡，而且只能依賴少量隨身糧食，其餘只能在叢林張羅。叢林中尚有大量奇怪而危險的昆蟲與動物。一名華兵寫道：「我經常聽到我的同事談及他們在汶萊和斐濟進行演習的故事，他們說那兒到處都是吸血的水蛭、轟炸機般大小的蚊子、拇指那樣大的螞蟻和神秘的昆蟲……他們都是對的！」[45] 可是，並非所有訓練都是在嚴酷的叢林中進行。不少華兵亦會前往諸如英國、德國、新加坡及紐西蘭等地進行各種訓練。例如，車隊的人員通常回到英國進行進階的機械與駕駛訓練，或學習操作大型的支援車輛。1971 年，一級上士莫成光前往英國接受進階訓練，回港後寫下他的感想：[46]

我參加的是英國陸軍運輸學校屬下之機械運輸部，就讀於軍事機械士官訓練班。在深造期中，我發覺英國陸軍運輸學校之教官們水準非常之高，教材與經驗都十分優秀，而模型與設備等，也極精良與齊全，處身這樣良好的學校求深造，無論合

華兵進行防暴訓練（香港退伍軍人聯會提供）

在香港進行叢林訓練的華兵，1970 年代（香港退伍軍人聯會提供）

格與否，那些學生們的學識，都起碼被灌輸了很多。我在苦讀之下，僥倖考得 C 級，這個成績對我來說，已經很是滿足了。

　　經過了五個星期為功課而緊張的心情，終於在 3 月 5 日鬆弛下來。於 3 月 8 日我由英國搭機去德國，於英國皇家第 23 坦克輸送部隊作為期三週的探訪，在那裏我受到熱誠的款待。我發覺他們的司機駕駛技術非常優良，而所派出之去車任務也比香港的運輸部隊有很大的分別。我亦曾經跟隨他們去過兩次輸送坦克車之任務，每一次去車都是幾百哩之長途，而需時二至三天，那麼司機們便在輸送途中停車吃餐，入夜時亦在途中睡覺⋯⋯ 除此之外，第 23 營之營長亦編排我學習駕駛 AEC 十噸，橋車，吊車及最近型之 Chieftain 坦克車（酋長型）等，這幾種大型車輛都是我從未駕駛過的，這樣在駕駛經驗上又上了一課。

　　海軍方面，華人海軍分隊主要訓練水兵擔任六項主要工作：水兵（Seamen）、管事員（Steward）、廚師（Cook）、倉庫管理員（Store Accountant）、工程技工（Engineering Mechanics）和電子技工（Electrical Mechanics）。可見，華人水兵主要仍擔任後勤和輔助的專業，不會擔任諸如砲科（Gunnery）等武器人員。一份 1980 年代末期的皇家海軍小冊子如此描述各項專業：[47]

　　水兵的工作包括在小艇、香港巡邏艦[48]和海軍基地中執行保安、警衛、交通管制以及儀仗等任務。水兵亦會在港口的船隻中擔任艇員和槳手，晉升後可獲得香港政府認可駕駛 300 噸船隻的資格。他們必須對香港的水域和航海技能有充份的認識，其訓練亦包括傳統的航海技藝，例如製造和使用纜繩、帆

THE HONG KONG
CHINESE NAVAL DIVISION

皇家海軍募兵小冊子，1990 年代初（盧畋冠先生提供）

具、繩結和船帆等。

　　管事員在船上的軍官食堂或駐港海軍上校（Captain-in-Charge）的居所工作。他們接受酒吧經營、侍餐、食堂管理、住宿安排、衛生、食物、餐具、基本烹飪、侍從以及會計的訓練。這些高水準的技術均獲得英國倫敦城市行業協會（City & Guilds）認可。

　　廚師們在岸上的軍官和水兵食堂或香港巡邏艦上工作。他們接受各種烹飪、準備食物以及衛生等訓練，並可以照顧不同數量的人員。他們無時無刻都處於最高的專業水平，其技術均獲得英國倫敦城市行業協會認可。

　　倉庫管理員負責看管、統計，並分發各種海事用品、食物、制服、機械零件和床鋪等。管理員需要有條不紊、計劃周詳，而且誠實可靠，以保管此部門的儲存大量貴重物資。

　　工程技工負責維持巡邏艦、小型船隻及其他機械的運作。車間工作包括機械工作、鉗工和船隻工程等。在船上，技工們負責保養船上大小機械與引擎。他們亦要負責維修船身、操作吊機、鏈車，以及簡單的物資管理。

　　電子技工負責岸上設施和所有海軍船隻的電子設備，以及它們的部件、機械和備用品等。車間工作包括維修、保養及調校電子儀器。

　　1990 年加入皇家海軍的水兵盧畡冠入伍後，接受了為期一個月的基本訓練，其中包括體能訓練和基礎軍事知識。其後，由於盧氏的專業是廚師，他接受了近五個月的專業訓練（Trade Training）。初期訓練的主題包括個人與食物衛生、雪櫃整理等，其後則是有關烹調各種食物的訓練，例如烹調肉類、處理白汁（cream sauce）、黃

一名皇家海軍的華籍水兵在駕駛大型的 250 座位渡輪，1990 年代初（香港退伍軍人聯會提供）

汁（gravy）、清湯等。[49] 曾於海軍擔任廚師十多年的梁永章認為清湯是其中一種「最難處理」的食物。[50] 皇家海軍的軍官食堂（Officer Mess）對食物與其他細節一絲不苟，例如上菜時碟子必須是熱的，其謹小慎微得甚至要求伴菜的薯仔亦有一定的去皮方法與烤焦度。接受幾個月的訓練後，准海軍廚師均要接受考試，根據餐單準備一個完整的晚餐，由考官試食評分，決定是否合格。可是，所有海軍官兵在船上，不論華洋或其專業，均有其戰鬥崗位，因此雖然大部份華人水兵屬於支援專業，但他們所受的基本訓練以及其後的操練卻頗為全面。水兵上船後，即要不斷接受各種訓練，務求各人均可在沒有外來支援下應付海上的突發狀況。最重要的訓練包括滅火、救傷、快速關上水密倉門等。

相對於正規陸軍，香港義勇軍的訓練雖然嚴格，但時間上相對較短。陳益中上尉在 1966 年正式加入義勇軍，隨即接受兩星期基礎訓練和四個月的正式訓練，包括射擊、領袖訓練、基本醫療、閱讀

地圖、步操等。因他英語能力較佳，而且懂得駕駛和操作無線電，遂被揀選為無線電兵，其後再接受三星期的士官訓練，半年後成為下士，負責與正規軍管理的通訊中心聯繫。[51]

服役年期

一般而言，戰後華籍陸軍（不論正規軍或義勇軍）和戰前的華工程兵和華砲兵一樣，服役時間最長可達 22 年，有時甚至更長。華兵在服役期間有時會隸屬不同兵種，從右圖可見，一名自 1959 年入伍的華兵先後在一般後勤兵團、皇家工兵和皇家軍械團服役，直至 1976 年才退休，服務近 27 年。以香港軍事服務團為例，新兵入伍後將服役四年，其後可因應體格和指揮官的評價而決定他能否續約四年。服役八年後，華兵可以再次申請繼續服務，直至服役至第 11 年半時申請延長服役至 22 年。如果華人士兵希望續約，他們必須通過「基本體能測驗」（Basic Fitness Test, BFT）與「戰鬥體能測驗」（Combat Fitness Test, CFT），前者需要穿着長軍靴跑三公里，後者需要帶上裝備與武裝（近 40 磅，約 18 公斤）在兩小時內行軍八公里，然後打橫扛上另一全副武裝的「傷兵」走 100 碼（91.4 米），放下他後使用身上的自動步槍對準目標射擊十槍，需要命中八槍才算合格。[52] 華人海軍的服役年限則為 23 年。

可是，曾經參加第二次世界大戰的老兵似乎不受此限。1968 年的《香港華籍陸軍協會會刊》（*Journal of Hong Kong Soldiers Association*）列出十名 1941 年前已經入伍，但 1968 年尚在服役的華籍英兵。他們均最少服役了 27 年（表 5）。

其中，二級准尉林發於 1938 年入伍，至 1968 年已服役近 30 年。老兵蔡球戰前為皇家砲兵，香港淪陷後亦前往大陸，最後亦加入「殲敵」部隊。兵士李鴻添於 1940 年 8 月入伍，受訓後被調往

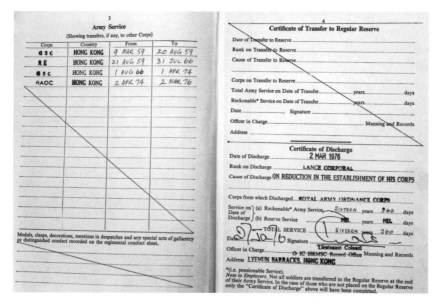

一名華兵的服役紀錄（香港退伍軍人聯會提供）

表 5：1968 年尚在服役的戰前華兵

姓名	官階	服務部隊
林發	二級准尉	威菲路軍營
沈廣	上士	陸軍監獄
李海	上士	皇家憲兵隊
古耀初	上士	第 27 醫療隊
盧鎮傑	中士	軍需處
朱剛	下士	蘭開夏燧發槍團第 1 營 （1st Bn. Lancaster Regiment）
梁國森	下士	香港軍事服務團
廖國南	下士	第 414 騾馬運輸隊
蔡球	兵士	香港軍事服務團
李鴻添	兵士	域多利軍營

皇家運輸團第 414 騾馬隊參加演習（香港退伍軍人聯會提供）

一班年長的華兵獲頒長期服務及品行勳章（左三為老兵蔡球），1967 年 4 月（香港退伍軍
人聯會提供）

1941 年 11 月成立的香港華人軍團。據其子李松回憶，李鴻添曾提到他在黃泥涌峽至山脊一帶的戰鬥中被日軍用軍刀砍傷。英軍投降時，李氏秘密帶同制服回家，為免被日軍追捕，他一家離開香港，最後加入英軍服務團。戰後，他在 1946 年回港，隨即加入香港工兵連，然後於同年退役，但三年後再度入伍，曾加入猛龍連、第 414 驃馬隊等，直至 1970 年才退伍。[53] 參與香港和緬甸戰役的華工程兵姚少南戰後不久轉任皇家空軍警察（Royal Air Force Police），駐守啟德機場。[54]

海軍士官鍾利康在 1970 年代初期入伍時，曾記得當時有一不諳英語，但曾經參加第二次世界大戰，而且獲頒獎章的華人水兵仍在服役。[55]

晉升

雖然在第二次世界大戰期間有數位華兵獲委任為正規陸軍軍官，但自 1946 年香港工兵連成立以來，華人最高可擔任的位置只是一級准尉，即士官的最高級別，不能成為軍官。因此，自 1949 年即開始服役的周練在 1971 退伍時，他仍是個一級准尉。為表揚他「作為部隊指揮官和近 1,200 名華人士兵與英軍之橋樑」的功績，香港政府在 1971 年 6 月授予他英帝國員佐勳章（Member of the British Empire, MBE），以為獎勵。[56] 雖然高級華兵頗獲英軍依賴，而且亦獲得相應的社會地位和認同，但仍未能成為英軍的正規軍官。1962 年香港軍事服務團成立時，軍方曾考慮招募香港大學的華人畢業生擔任部隊的軍官。可是，計劃試行將近一年，不但應募者僅少，軍方亦發現投考者多不適合參軍，使軍方在一年後即放棄計劃。[57] 在當時而言，自香港大學畢業幾乎篤定可以在政府或大企業中謀得好差事，參軍對港大畢業生而言並不吸引。

第 51 步兵旅司令官頒發長期服務及品行優良獎章予一名華工兵（香港退伍軍人聯會提供）

　　華兵不能擔任軍官的情況在 1970 年代因英國陸軍內部的變化而出現轉變。其時，英國陸軍的軍官來源愈見多元化，不再是少數社會精英的專利。不少並非來自公立學校（public schools）或著名大學的軍人仍能成為高級將官。[58] 軍官職位對大眾日漸開放，使華人亦有機會成為軍官。1973 年，香港軍事服務團的指揮官建議從部隊的高級士官之中選出適當人選成為軍官。其後，一級准尉張國棠在 1975 年經考核後成為自 1945 年以來英國陸軍中的首位華人正規軍官。張國棠最初只是「港督敘任」（Governor's Commission）軍官，地位比一般「女皇敘任」（Queen's Commission）的英籍軍官為低，但其後華人軍官在 1977 年起亦獲得女皇敘任。[59] 從梁玉麟上尉成為軍官的過程，亦可見英軍在人事任命上的長遠規劃。1963 年入伍的梁氏因能力出眾，在部隊中快速升遷。在 1971 和 1972 年，已升任為上士的梁氏兩次被送到英國接受進階訓練，然後於 1973 年前往汶萊接受叢林作戰訓練，並曾訓練剛被派到亞洲的年輕英國軍官，使他們習慣與華人和亞裔士兵相處。1975 年英女皇訪港時，他負責在女皇身邊協助她替醒獅頭點睛。事後，他接受副三軍司令的面試，然後於 1977 年獲委任為第二位華人正規軍官。[60]

　　梁慶全上尉在 1983 年成為憲委級軍官，其經歷與不少華籍軍官類似。梁上尉在 1969 年加入香港軍事服務團，受訓後加入三軍醫院任職男護，其後晉升為一級文員，然後於 1974 年加入「英軍聯絡隊」（Army Information Team），負責在邊境附近與居民維持友好關係，同時探詢邊境消息。其後，他被調往九龍塘的奧士本軍營（Osbrone Barracks），成為陸軍教育部（Army Educational Corps）的一員，並升任為上士。他的主要職責是教授其他華兵英語和閱讀地圖等基礎軍事知識。他在日間教導華兵，晚上則教授英兵及其家眷學習廣東話，他們或因為工作需要而學習，亦有出於個人興趣

華兵參與陸軍教育部舉辦的課程（香港退伍軍人聯會提供）

華兵在新界巡邏（香港退伍軍人聯會提供）

戰後首位華人陸軍軍官張國棠（左）（香港退伍軍人聯會提供）

正在進修的華兵（香港退伍軍人聯會提供）

者。梁氏直言，教授英兵廣東話亦使他的英語更為進步。他憶述當時不少華兵晚上下班後亦繼續進修，爭取晉升機會。

在 1982 年，梁氏回到三軍醫院，出任 IC（In Charge），負責管理院中所有華兵。一年後，他服役已近 12 年，因此申請晉升為軍官。當時，成為正規軍官需要具備以下的條件：（1）連續服役最少 12 年；（2）最少為實任上士（Substantive Rank）；（3）最少獲得「高級升遷教育文憑」（Education Promotion Certificate [Advanced]）；（4）通過口試和體能測試。英國陸軍在 1971 年推出升遷教育文憑，目的是提升士官的教育水平，並制定一定的標準以選拔軍官。高級升遷教育文憑即等於大學畢業的學歷。[61]

上述四項條件中，要數第四項最為困難。由於英軍要求軍官必須以身作則，而且提拔軍官的委員會要對該名軍官往後的表現負責，因此選拔過程極為嚴格。除了必須通過上述的基本體能測試和戰鬥體能測試外，申請者亦要通過「排指揮官測試」（platoon commander test），接受領導才能、判斷力和軍事知識的測試。通過以上測試後，申請者會被安排與一個晉升委員會進行面試。委員會由數名高級軍官組成，全部都不能與申請者屬於同一部隊，以昭公平。梁上尉進行面試時，委員會中最高級的軍官是一名准將。面試時的問題包羅萬有，主要測試申請人的反應和判斷力，例如：「你將如何取捨家庭和軍隊任務？」通過測試和面試後，申請者的個案會交由國防部決定，成功者會直接晉升為中尉，名字亦會被登上《倫敦憲報》。

相對於正規軍，義勇軍的升遷雖然較快，但標準大致相同。例如，陳益中在 1969 年申請晉升為軍官，他通過各項測試後接受一個七人組成的委員會面試，和他一道申請的士官包括兩名英兵及一名葡兵，最終只有陳氏和另一名英兵獲委任為少尉，可見種族在當時

已非選擇義勇軍軍官的相關條件。陳氏於一年後再升為中尉，成為 B
連的副連長，最後於 1972 年以上尉官階退出義勇軍。由於義勇軍純
屬志願性質，人員不斷加入離開，升遷速度因而比正規軍更快。

薪酬福利

　　駐港華籍英兵的薪金並不算高，但每月準時發薪，軍方亦提供
伙食，因此華兵的生活比當時擁有相似教育程度和背景的市民要
好。陸軍士兵湯生菲臘在 1952 年的週薪只有 20 元（其時《工商日
報》一份售一毫），包括伙食。幾年後，華兵們的待遇獲得改善，湯
生菲臘的薪金亦增至每週 45 元。可是，正如 1950 年代參軍的馮英
琪指出，在當時而言，其 40 元週薪其實仍捉襟見肘。由於英軍加薪
後取消免費伙食，每日單是早餐已花費約一元。相對而言，加入警
察、海關等紀律部隊的每月底薪是 171.6 元，比當兵多出十多元。
由於薪水實在難以支持生活，馮氏於 1958 年決定離開軍隊，加入香
港海關服務，最終於 1968 年成為首名華人海關督察。[62] 海軍官兵的
薪水亦強差人意。水兵鄭文英在 1950 年代的月薪約為 130 元，在海
外時會有額外津貼。[63] 例如，由於新加坡和香港的貨幣匯率不同，
華兵隨艦到達新加坡時會獲得津貼。[64] 此外，所有海軍人員不需交
稅。可是，由於薪水始終不算吸引，不少在 1950 年代服役的華兵其
後均選擇其他職業。

　　華兵的薪酬在 1960 年代末期開始日漸改善，使參軍成為有志參
加紀律部隊者的選擇之一。1969 年，駐港英軍司令部成立一委員會
為華兵向英國陸軍部爭取加薪，亦建議陸軍部考慮每年進行一次薪
酬調整。[65] 其後，英國軍方派出所調查人員到港，瞭解華兵的日常
開支。[66] 調查人員會向士兵派發問卷，要求士兵填上包括上下班回
家時間和車費，以及食用開支等詳情，然後按華兵的生活水平調整

華兵的薪金。1970 年代初期，香港軍事服務團各級官兵的每月薪金如下：

新兵 624 元

兵士 684 至 806 元

下士 806 至 913 元

中士 943 至 1,019 元

上士 1,141 元

一級上士 1,217 元

二級准尉 1,293 元

一級准尉 1,354 元

此外，服役年期愈長者每月亦會獲得額外的薪金：服役兩年後 30 元、四年後 91 元、六年後 122 元、九年後 152 元、十二年後 213 元、十五年後 243 元、十八年後 274 元。因此，一名服役九年的上士每月應有 1,293 元薪水。官至海軍士官長的鍾利康在 1974 年的薪金為每月 800 元，但出海後加上津貼則可達 1,200 元，而且在海上難以消費，因此水兵們都有不少機會儲蓄。在 1970 年代初，一個住宅單位的價錢大約為 50,000 元，由此可見華兵的待遇在當時已是不俗。

在華籍軍官和駐港英軍司令部的爭取下，英國軍方決定每年調整華兵薪金。自此以後，華兵的薪金即逐年增加。據梁慶全回憶，他自 1969 年參軍以來，每年均有加薪，其中最大幅度者為 1991 年，高達 33%，原因是要和其他香港紀律部隊的薪金水平看齊。[67] 相對優厚的薪酬，加上穩定和安全的工作環境，使不少華兵服役至 22 年的強制退休年限才離開軍隊。在 1986 年，陸軍服務團司令卡

靈頓中校（Michael Carrington）向記者提到當兵的好處：「我們是良好的僱主，而且我們提供的薪酬待遇比外面要好。」[68]可是，由於香港經濟在 1970 至 1990 年代高速發展，每當經濟景氣時，亦有部份士兵選擇離開軍隊。相反，遇上不景氣之時，中途離隊者自然減少。[69]

由於香港軍費部份為港府提供（最高時期香港政府提供英國駐港經費的四分之三），因此華兵亦可算是由香港政府維持。可是，華兵所繳交的稅款卻是以香港稅制計算，直接自薪金中扣除，然後轉交英國政府。與此同時，其英籍同事卻以英國的稅率交稅，負擔明顯較大。[70]另一方面，屬於非正規部隊的義勇軍並無正式薪金，但訓練時可獲得資助（1966 年為每小時 4 元）。當時，部隊每兩星期有一夜間訓練，每月有一次訓練（由星期六下午至星期日下午），每年初夏和秋天則有兩次演習，每次為期兩星期，演習內容包括野戰訓練、夜間巡邏、伏擊、連至旅級的對抗演習等。屆時隊員均會收到 300 至 400 元的津貼。

除了薪金外，華籍英兵的福利則大多和香港政府的公務員相當，包括醫療和子女的教育津貼等。此外，華兵的生活亦可獲得香港華籍陸軍協會和海聯社等華兵組織的支援。海聯社於 1964 年成立，所有於皇家海軍服役的華員均可參加。華籍陸軍協會則於 1966 年 1 月由華兵申請成立，會長為香港軍事服務團司令，主席則由最高軍階的華人擔任，其目的為「維持會員的福利並互相幫助」。在 1968 年，98% 的華人陸軍士兵都是會員，包括退伍軍人。協會設有資助金，由英國的軍人協會或政府出資，提供貸款或支助予有需要的華兵或其服役期間離世華兵的家屬，使他們度過困難或得以安葬。

退伍安排

對於退伍的華籍英兵，軍方會安排他們接受就業處（Resettlement Centre）的協助，使他們在軍隊中的技能可應用於將來就業，或培訓士兵獲得一技之長。例如，1952 年參軍的中英混血兒湯生菲臘服役滿 22 年後，原本必須退役，但其上司准許他再服役一年，最終以 45 歲之齡離開軍隊。他通過就業處的轉介，前往中華巴士公司（China Motor Bus Company Ltd.）任職車身工程師，負責裝嵌巴士車身，薪金比以往在軍隊高出不少。他在中華巴士再服務 23 年後退休。

戰後初期，華兵退休後將每月獲得退休金，但軍方在 1980 年代向士兵們諮詢應否改革退休金制度，容許退伍華兵一次過領取全部退休金，以免被通脹所蠶食。最後，大部份華兵希望一次過領取退休金，使之成為定例。例如，一名上士在 1991 年退伍前的月薪約為 18,000 元，他退伍時一共領取約 800,000 元的退休金，在當時幾乎可以一次過購入一個住宅單位。[71]

1982 年中英聯合聲明簽署後，確定英國將於 1997 年將香港主權移交予中國，亦確定了所有香港華人部隊將於同年正式解散。1987 年，駐港英軍成立委員會討論華籍英兵的退伍安排。[72] 自 1990 年代初開始，香港軍事服務團逐步裁減人手。當時，駐港英軍尚有華兵約 1,500 人，其中 1,200 人為香港軍事服務團的人員，其餘為皇家海軍（駐港英軍總數為 8,700 人）。[73] 單是 1994 年，即有約 500 名華人軍兵被裁撤，其中有 407 人屬於自動離職。[74] 雖然離隊士兵大多都順利找到新職業，但軍方對香港警察未有協助安排士兵就業感到不滿。[75] 1995 年，駐港英軍成立了「退伍小組」（Resettlement Team）以負責華兵的退伍安排，由一名隸屬陸軍教育部的英籍陸軍中校領導，屬下包括一名英軍少校、兩名華人上尉以及兩名華人准尉。當

時，小組一方面要維持部隊的士氣和效率，另一方面要安撫退伍華兵，並要為他們安排再培訓或就業。[76] 其後，由於負責退役就業事務的陸軍教育部香港分部解散離港，服務團的林秉惠上尉遂接手此項工作。

自 1995 年開始，退伍小組逐個接見華兵，與他們討論退伍計劃，並給予建議和輔導。其後，服務團為華兵的各種技能提供證書（如駕駛、電子技工等），或給予進修津貼，又展開招聘會介紹華兵予公共或私人機構。[77] 未足服役年限者亦會得到額外的薪金和退休金。例如，一名士官於 1993 年年底離開隊伍時，雖然只服役了約 21 年，但亦獲得第 22 年的薪水。[78] 當時，一名服役 10 年的陸軍服務團下士可得到約 230,000 元的退休金，一名服役 20 年的一級准尉則可得到 1,316,000 元。[79] 一名海軍電工服役 20 年則有 285,150 元的退休金和 47,525 元的額外補償。[80]

從隔離到袍澤

雖然香港華籍英兵在第二次世界大戰期間表現傑出，但戰爭結束後，戰前的不平等又再重臨。另一方面，英國在二次大戰的經驗，特別是英軍在 1941 至 1942 年間在亞洲的連串失敗，以及戰後的殖民地獨立運動已削弱其種族優越感，使戰後英國社會對種族和階級問題日漸開放，雖然進度非常緩慢，但其方向始終不變。中英混血兒湯生菲臘的例子，說明在港華兵在戰後經歷了與英兵逐步走向平等的過程。[81]

湯生菲臘於 1952 年加入英軍，成為「香港兵」（Hong Kong Other Ranks, HKOR），時年 22 歲。他被編入皇家後勤團，先成為一名司機，然後成為一名汽車技師，一直於皇家運輸團（The Royal Corps of Transport）服役，最後於 1975 年退伍，服役長達 23 年，

最終軍階為中士。

　　湯生菲臘最初到部隊報到之時，其部隊實行華洋隔離政策，飯堂、廁所等設施均分為「英兵」（British Order Ranks, BOR）和「香港兵」（HKOR）兩部份。一次，湯生菲臘進入「英兵」廁所時被一英兵詰問，他聲言自己父親為英人，亦有英文名字，但仍被趕出廁所。當時華洋士兵關係不甚融洽，雙方時有衝突，甚至群毆，華兵的待遇亦遠不及英兵。例如，所有英兵均可於兵營內擁有已婚人員宿舍（married quarter），但華兵則只有個人宿舍。另外，華兵的薪金亦比英兵差一大截。

　　歧視的情況在各部隊均有所不同。據 1956 年入伍的馮英祺回憶，他受訓後被派往皇家陸軍通訊隊（Royal Signals）在香港的部隊「香港通訊團」（Hong Kong Signals Regiment）的新界第 3 中隊服役時，發現該部華洋士兵同住一所營房，各人關係良好。來自社會底層的英兵（當時稱為「爛鬼」）雖然所受的教育不多，有些更是文盲，但亦不會歧視華人。[82]

　　湯生菲臘觀察到，華洋士兵的相處在 1960 年代開始改善，而這個轉變大多由開明的軍官帶動。[83] 同時，華兵的軍階亦隨着地位日漸平等而提升。如前述，華人士官在 1960 年代初期開始普及，至 1975 年更出現自 1945 年以來的首位華人軍官。隨着華人官兵的軍階和地位日益提升，湯生菲臘認為華洋士兵相處融洽，不但部隊在生活上不再有隔離的情況，行動時亦不分華洋。江劍洪亦提到駐港英軍華洋共處；他經常與英籍和尼泊爾籍的士兵工作，他們都頗為敬重刻苦耐勞的華兵。雖然種族觀念逐漸褪色，但軍隊中的階級觀念仍然重要。在 1970 年代，軍官和高級士官仍然與其他士兵使用不同的廁所，但這個情況在 1980 年代亦不復見。

　　駐港英軍的華洋合作頗為成功，使雙方建立了一定的袍澤之

華人士官江劍洪（左四）向英軍軍官介紹中國茶（江劍洪先生提供）

情。例如，香港皇家義勇軍的陳益中上尉回憶，他在 2011 年前往澳紐旅行時路經紐西蘭奧克蘭，拜訪當年負責訓練他的英籍正規軍軍官，後者特地把自己所屬部隊的領帶贈予陳氏，以為紀念。[84] 1965年來港，其後在香港定居的前駐港英軍李彪（Bill Lake）回憶他和華兵的相處：[85]

> 編入我們部隊的華兵非常有禮，穿着整齊，而且樂於助人……我和他們（華兵）總是有一點默契。由於語言障礙，而且他們通常在軍營外和家人居住，因此我們不會經常相處，但通過他們，我很容易學懂廣東話。我懂得愈多廣東話，便愈加喜愛香港，更不願離開。

> 當時，駐港英兵的生活離不開前往三軍合作社、在錦田喝

得酩酊大醉、在灣仔或尖沙咀惹上麻煩,但當我認識華兵更深,我會被邀請到他們的家作客、吃點心、參加他們的節慶活動……

〔一次,〕當我因為在某夜「玩得太盡興」而被罰兩星期時,我看到他們的另一面。我每日被他們(華兵的體能教官)訓練得站不起來……我在嘔吐時,他們則於後面說「不好意思,歷奇;你知道這是我的工作」(Sorry Lakee - my job you know)……

李彪退伍後定居香港,在 1970 年代至 2007 年參與大量電影的製作,包括《廉政風暴》(1975 年)、《馬哥波羅》(1976 年)等。他至今仍與參軍時認識的華兵保持聯絡。

日常生活

由於駐港英軍的華人陸軍大多沒有被安排宿舍,因此除非他們正在執行特殊任務(如捕捉非法入境者)或進行海外訓練,否則他們的工作時間與一般公務員並無太大分別,甚至有「朝九晚五」的職位。海軍則有時需要緊急出動,水兵收到出發通知的數小時內即要登船。就算身在航空母艦等大型軍艦上,水兵亦無太多娛樂。水兵方華憶述當時不少華人水兵會在船上打麻將或進行其他賭博遊戲,但身為軍官食堂糧食總管(Food Supervisor)的他則會留在儲物室中看書。其後,他曾獲一名英籍軍官資助學習英文。[86]

不少華兵認為參軍的最大好處是可以周遊列國。陸軍士兵湯生菲臘聲言從不放過任何到海外服役的機會。他加入英軍不久,曾申請轉調往皇家坦克團,於石崗學習駕駛百夫長型坦克(Centurion Tank)。可是,他並不適應坦克兵的生活,因此又申請調回原部隊。

他亦曾短暫充任憲兵。在 23 年的服役生涯中，他曾前往英屬斐濟、馬來亞、新加坡等地接受叢林生存（Jungle Warfare Training）或遊擊戰等訓練，亦曾被調回英國陸軍基地阿德索（Aldershot）接受機械訓練。他直言雖然有一半英國血統，但調職往阿德索以前從未到過英國，亦不適應當地氣候和生活。他隨英軍前往馬來西亞協助肅清共黨遊擊隊時，曾被子彈擦過膝蓋，傷疤至今猶存。被問到當時心情，湯生菲臘與不少職業軍人一樣，直言「沒有辦法」，更沒有擔心的時間。[87]

1948 年至 1970 年代初期，仍有部份華籍英兵紀律不佳，或多或少損害了駐港英軍的形象。例如，伶人石燕子曾因桃色糾紛在 1949 年被三名水雷砲兵勒索。同年聖誕日亦曾發生華兵於灣仔毆打警察的事件。[88] 水兵方華在九龍擔任海軍訊號員時，他的上司（一名華人海軍士官）曾向他勒索金錢，使他憤而離職。[89] 1949 和 1965 年，華兵兩次糾眾毆打與之結怨的巴士售票員。案件交由香港政府審理，最後參與士兵均被判入獄。[90] 在 1968 年和 1973 年，亦曾分別發生華兵搗亂舞廳的案件。[91] 可是，自英軍逐步提高對入伍者的教育和其他要求以來，華兵的紀律日趨嚴明。至 1990 年代，香港軍事服務團的指揮官依靈禾中校直言他在任期間幾乎無需處理紀律問題。[92]

居英權問題

1982 年中英聯合聲明簽署後，英國軍方除了為香港華兵安排退伍遣散外，英國政府亦要處理應否給予華籍英兵居英權的問題。1986 年，英國政府承諾給予曾經參加第二次世界大戰的華籍英兵居英權。當時，這批華兵尚有 260 多人，但英政府初時只接受那些參加香港防衛軍的華兵，其後又加設諸如居住英國滿四年才可申

請等限制予其他正規華兵。在第二次世界大戰退伍軍人協會及社會人士的爭取下，所有這批華兵均獲得居英權。[93] 此外，英國政府亦有給予香港政府各部門不同的居英權配額，包括駐港部隊中的現役人員。1993 年 2 月，下議院議員詢問國防部長咸美頓（Archie Hamilton）是否全部華兵均會獲得英國護照期間，有議員指出國會大部份議員均認為華兵在英軍服役多年者，應該獲得居留權。咸美頓只承諾盡力協助，但坦言不能給予所有華兵英國護照。[94]

數月後，上議院議員韋維安勳爵（Lord Vivian）詢問英國政府有關安排，提到：「由於他們屬於英國正規軍而非香港輔助人員，而且他們向英國而非香港繳納所得稅，就算他們人數超出配額上限，是否亦應該給予他們英國護照？」[95] 國防部常務次官嘉倫邦子爵（Viscount Cranborne）則回應指英國政府已經在第二輪篩選時增加了給予華籍英兵的配額。他亦指出雖然華兵向英國政府繳稅，但這是因為他們直接由英國皇室聘用（employed directly by the crown）。而且，雖然華兵們屬於正規軍，但他們的服務條件與一般英軍不同，亦不須到海外作戰，因此不會給所有華兵發出英國護照。[96] 最後，鑑於並非所有華兵均能獲得護照，華兵們只能透過計分制度決定誰能得到居英權。[97]

戰後華籍英兵的各項行動

冷戰初期的作戰行動（1949-1953）

第二次世界大戰後，除了 1949 年中期英國曾派出大規模增援外，駐港英軍的主要功能是維持內部治安。至 1960 年代末期，駐軍的任務是：「協助警察控制邊境及維持治安，各營輪流駐紮在可

華兵參與女皇壽辰閱兵儀式，1961 年（周家建博士提供）

1997 年發行的 *The Hong Kong Garrison* 雜誌（周家建博士提供）

英軍軍操匯演場刊，1997 年（周家建博士提供）

能隨時發生暴力衝突的偏遠地區，在新界各區巡邏，協助政府在小村落阻止顛覆活動，以及贏得並維持市民信任。」[98] 可是，雖然華籍英兵主要在香港服役，但部份華兵亦曾參與了海外的戰鬥。例如，水兵鄭文英被調到護衛艦黑天鵝號（HMS Black Swan）不久，該艦即於 1949 年 4 月被派往長江，參加營救英艦紫水晶號（HMS Amethyst）的行動。當時，中共人民解放軍正準備渡江作戰，國共兩軍隔江對峙。皇家海軍中國艦隊司令默登中將（Alexander Madden）下令紫水晶號無視解放軍禁令和警告，在長江航行，前往南京為領事館補給。該艦接近南京時，雖然升起大面英國國旗，但解放軍在長江北岸的砲兵仍開火轟擊。該艦受創後擱淺在江邊，艦長傷重陣亡。4 月 20 日，默登率領巡洋艦倫敦號與黑天鵝號溯江而上，打算救出紫水晶號。據水兵鄭文英憶述，年紀尚輕的他出發時不太在意，抱着看「燒砲仗」的心態。其後船上氣氛緊張，每人獲發救傷用具，舷窗亦加裝鋼板，餐廳被用作臨時手術室，一片準備作戰的景象。華兵等人因未曾接受操砲訓練，船上實行作戰狀態（Action Station）時，他們都留在下層甲板準備擔任救護兵。[99]

黑天鵝號和倫敦號在 4 月 20 日晚嘗試接近紫水晶號，兩艦沿途與中共砲兵交火數小時，倫敦號身中多砲，雖然結構無損，但上層建築彈痕纍纍。黑天鵝號目標比倫敦號小，但亦被擊中七砲，船上數人死傷。鄭文英等華兵在下層甲板待命，不知外面情況，只聽到砲聲不斷。他們的遭遇和以往在英軍軍艦和商船下層甲板的華兵一樣，驚恐可想而知。英艦與共軍交火時，軍官指示鄭氏與同僚向面對南岸國軍的左舷靠攏，以躲避砲火，並協助包紮傷兵。可是，倫敦號和黑天鵝號不敵解放軍砲火，被迫調頭撤退，使鄭氏所在的一側面向共軍砲火，令華兵們以為南岸的國軍亦向他們開火，使他們更為恐慌。所幸，兩艦挺過岸上砲火，順利退出，直至船上吹號以

華水兵鄭文英的勳章，左起依次為：海軍戰役勳章（有「揚子江」和「馬來亞」兩個橫楨）、韓戰勳章、聯合國勳章（有「韓國」橫楨）、戰役勳章（General Service Medal，有「汶萊」橫楨），以及海軍長期服務及品行勳章（鄭文英先生提供）

示戰鬥狀態結束，各人才知道自己總算逃過一劫。[100]

由於中英雙方均不願擴大事件，戰鬥未有持續，紫水晶號亦於7月順利撤走。雙方都把事件宣傳為自身的勝利，中共強調擊退象徵「老牌帝國主義」的英艦，英方則宣傳紫水晶號的持續抵抗和脫險過程。[101]戰後，所有參戰人員，包括眾華人水兵，均有獲得加上「揚子江1949」（Yangtze 1949）字樣橫楨的海軍戰役勳章（Naval General Service Medal）。可是，鄭文英憶述有部份英軍水兵遷怒於華籍水兵，需要軍官調解緩和英兵情緒。[102]

1950年6月，北韓軍隊突然越過三八線進攻南韓，長達三年多

的韓戰爆發。當時,水兵方華在巡洋艦貝爾法斯特號(HMS Belfast)擔任管事員,他憶述當時軍艦正從日本吳港(Kure,英國佔領區)駛向香港,但中途突然轉向,艦員直至抵達朝鮮半島才知道原因。[103] 在戰爭期間,該艦曾被一枚北韓軍發射的砲彈擊中,一名華人水兵因此殉職。[104] 在 1953 年,水兵曾松剛在香港入伍兩週,即因為皇家海軍人手不足而被送上軍艦擔任管事員。船上有六至七名華水兵,另有兩名華人廚師,他們因而得以享用中式伙食。他的軍艦在韓戰期間的母港亦為吳港,它在朝鮮半島作戰一個星期左右,即會回到吳港補給。曾松對鴨綠江的寒風印象深刻。當時,他的崗位位於露天甲板以下的船艙,負責把砲彈從彈藥庫運送到裝彈機。他的軍艦只是一艘巡防艦,噸位小、火力弱,故每次負責對地射擊時均來去匆匆,以求儘快打光砲彈撤退,免被岸上砲火擊中。參與韓戰的華水兵均獲得「韓戰勳章」(Korea Medal 1950-1953),另有數人獲得戰報嘉獎。

1956 年與 1967 年「暴動」期間的華籍英兵

1956 年 10 月 10 日至 12 日期間,九龍李鄭屋村因慶祝雙十節問題出現衝突,其後演變為波及全九龍的大規模騷亂,造成至少 60 人死亡,數百人受傷,被稱為「雙十暴動」。「雙十暴動」雖然在香港歷史論述中的重要性不及 1967 年暴動,但事件造成的死傷人數卻超過歷時數月的「六七暴動」。隸屬皇家運輸隊的兵士湯生菲臘在「暴動」期間亦曾受命出動,隨部隊在深水埗明星戲院一帶(今荔枝角道和石硤尾街之交界)維持秩序。當時正值宵禁,但湯生菲臘等人發現一名懷疑是暴徒的男子走動,遂喝令其停止,該男子不從,反掉頭逃走。士兵先向天鳴槍示警,然後向其腿部開槍,將其打傷後逮捕。可是,那名中槍男子經調查後證實並非暴徒。從事件中可

華兵從直升機走出執行任務（香港退伍軍人聯會提供）

英軍准將比士覺（Peter Prescott）檢閱一名華籍下士，注意華兵身上的裝備，包括有 M44 型頭盔、手提式輕機槍等（香港退伍軍人聯會提供）

華兵（左）擔任通訊隊人員（香港退伍軍人聯會提供）

見，暴動期間深水埗一帶的氣氛極為緊張。湯生菲臘亦提到當時他在嘉頓麵包廠附近見到不少屍體，顯示「暴動」的實際死亡人數可能超過政府公佈的數字。[105]

1967 年「暴動」期間，香港軍事服務團共有 1,300 名華籍英兵，另有約 500 名華人海軍與輔助空軍人員。該年 7 月，沙頭角發生中共民兵向香港邊界警崗開火的事件，造成五名警員殉職。事後，英軍派出啹喀兵前往邊境防衛，華兵則主要擔任邊境哨站和後方的運輸、邊境村落的情報工作、監察對面邊界的軍事活動，並與邊境居民打好關係。

槍擊事件發生後，義勇軍第 3 連於 7 月 25 日前往新界流浮山佈防，其後轉移至西貢等地進行安撫民眾的工作。29 日起，義勇軍在港島北進行「反恐嚇」（anti-intimidation）行動，即保護拒絕罷工的電車司機工作。據陳益中上尉回憶，任務由各連輪流負責，通常隊員均於下午領取武器，由筲箕灣警局出發，進至跑馬地，再回到筲箕灣等候司機下班，然後在筲箕灣警局過夜，至明早司機順利上班後才解散。這些任務每日進行，初期氣氛緊張，義勇軍曾於一個上午內在北角發現 48 個真假炸彈。[106] 直至夏末氣氛緩和時，行動才漸次減少，並於 10 月結束。當時，帶隊的英軍軍官曾經透露，英國政府並不認為中國政府會採取軍事行動，因此官兵並不特別緊張。[107]

駐軍在「暴動」後的一項主要工作，是由皇家空軍的直升機接送前往新界各偏遠鄉村巡視，當時稱為縱深巡邏（Village Penetration Patrol）。據曾參與這些行動的義勇軍陳益中上尉回憶，這些行動多由六至八人的分隊組成，其中一人為軍醫或醫務兵，部隊抵步後通常以查詢當地物資需要，派發藥物為主。陳上尉回憶，初時鄉民頗有不信任之感，但後來軍民關係頗佳。[108]

駐港英軍自嘲無力抵抗中國人民解放軍進攻的漫畫
（香港退伍軍人聯會提供）

協助香港民防及治安工作

　　1960 年代開始，因中國內地發生「文化大革命」而導致大量難民湧入香港。此外，1960 至 1970 年代的越南戰爭亦使不少難民逃到香港。如香港政府不能有效處理難民問題，不但可能動搖英國殖民政府在香港居民中剛剛建立的形象，更會導致社會動盪。駐港英軍的存在亦有助表現英國政府維持香港（直至 1997 年）的決心，維繫居民對將來的信心。因此，駐港英軍對維持香港社會在 1970 至 1990 年代的穩定有一定貢獻。

　　除了冷戰早期的戰爭以及香港社會的動亂外，華籍英兵亦參與了戰後香港各種災難的拯救工作。1961 年 4 月，剛入伍不久的華砲兵梁永章、黃鑑泉、甄德輝三人奉命到九龍筆架山參與搜索一架起

飛後不久墜毀的美軍 C-47 型運輸機。該機為美軍所有，故消息封鎖嚴密，華兵不知該機內情，士兵之間更流傳機上裝滿黃金。甄德輝憶述當時他曾在筆架山的樹林中找到遇難機員。[109]

華兵亦多次參與了災難搜救工作。1963 年颱風溫黛襲港時，身在車隊、醫療隊等部隊的華兵亦往沙田、大埔一帶救災。1972 年 6 月 16 至 18 日間，香港連續數日傾盆大雨，令觀塘雞寮和港島半山旭龢道兩地在 18 日發生大規模的山泥傾瀉，活埋過百人，事件造成逾 150 人死亡，過百人受傷。除了香港政府各部門和民安隊等民防機構外，香港軍事服務團亦曾出動前往觀塘拯救被埋市民，並協助善後工作。當時任職陸軍醫院的梁慶全亦曾和同僚參與救災。[110]

1975 年越南戰爭結束，越共統治越南後不久，即有大量越南人從海路前往香港要求庇護，使香港政府難以應付。同年 7 月，載有約 3,700 名難民的嘉娜馬士基號抵港，港府即要求軍方協助，由第 31 運輸團負責把難民運送至醫院檢疫，然後送至新界的難民營。[111] 由於不少難民嘗試從營內逃走，香港政府遂要求英軍協助。據陸軍服務團車隊的江劍洪回憶，他和喕喀兵同僚除了負責替難民進行檢疫工作外，尚要駐守越南難民營的外圍，支援營內的民安隊成員，以防有難民逃走。[112] 英軍協助香港政府處理越南難民問題，直至 1997 年政權移交後為止。

自大躍進、「文化大革命」以來，中國內地的局勢日益混亂，不少廣東地區的居民遂嘗試從水、陸兩路偷渡到香港。在 1978 年，香港政府估計每月有近 6,000 人偷渡到香港，使港府決定要求英軍正規軍和義勇軍支援。自此，香港華人士兵的其中一項主要任務即為堵截非法入境者。隸屬第 29 車隊的麥順添（Mak Shun Tim）在陸軍服務團的紀念刊中提到他的經驗：[113]

（1979 年）6 月 11 日，我和另外十個華兵到第 6 喀喀營（6th Gurkha Rifles）報到，一名軍官在簡報中向我們詳細解釋了任務的內容，並指示我們作好準備。下午，我們到營部報到，然後被分成小組，我則負責跟隨支援連。我的部隊在下午 7 時開拔，20 分鐘後我們來到位於米埔的臨時控制中心，該地被用作收容我們在防區捉到的非法入境者。下午約 10 時左右，有十個不同年齡和性別的非法入境者被膠帶成雙綑綁，被帶進控制中心，他們看來全都筋疲力盡，而且心灰意冷。喀喀兵團的軍官對他們非常客氣，請他們坐下，又給他們水和麵包。之後我們（華兵）開始詢問他們的名字、年齡、在中國大陸的職業，以及花了多少時間來到邊境。然後他們被送到落馬洲的警署作進一步盤問。這些盤問通常在晚上進行，日間我們則乘坐直升機巡視邊界，亦要協助和記者講解等公關事宜。

經歷了 17 日的任務後，我們回到原部隊，但很快又接到新命令。這是個秘密任務，甚至我們的軍官亦不知道內情。只有我和另外兩名士兵被選中擔任這個任務。在 6 月 26 日下午 4 時，我們乘坐一輛越野路華前往清水灣道的區士觀軍營（Erskine Camp）。至下午 7 時 50 分，喀喀營的司令和一名警官在會議室向我們說明狀況和任務的內容。我們負責假扮非法入境者，以引出安排內地人偷渡的蛇頭。他們一出現，我們即會向警察通風報信，然後逮捕他們。

翌日清晨 5 時，我們被帶到西貢附近。當日烈日當空，時而又傾盆大雨，令人甚不舒服，一行人在路上頗為狼狽。我們儘量裝作是非法入境者，一路上閃閃縮縮，希望蛇頭出現。可惜，我們於下午 3 時許被一隊少年警訊（Junior Police Call）截住。我試着向他們解釋我們正作執行軍警聯合行動，但他們卻

狗隊華兵關志燊與其軍犬（關志燊先生提供）

義勇軍在羅湖站崗，1980 年代（周家建博士提供）

要求我們出示證件。由於上峰不准我們帶上任何證件,我們被帶到西貢警署。該地的當值督察知道我們的身份,遂把我們送回區士觀軍營。我們向指揮官報告行動失敗,但他卻讚許我們表現出色,使我們不無疑惑。

1979 年開始,華人陸軍服務團的狗隊(Dog Unit,該部最高峰時有約 300 人)[114] 亦協助邊境巡邏的工作。在 1979 年 7 月至 1980 年 6 月期間,狗隊一共逮捕了 3,500 名非法入境者。[115] 據曾於狗隊工作的余振華回憶,狗隊成員會在邊境的叢林中長時間執行伏擊(ambush)任務。[116] 關志燊則指出伏擊任務通常為期 24 小時,他更憶述有一次他和隊友追捕一名身手極為敏捷的非法入境者,需要攀山越嶺才能將其捕獲。該名非法入境者被捕時滿身污泥,華兵們用水喉替他沖洗時才發現「他」原來是個女子。[117] 皇家香港義勇軍亦有參與邊境巡邏的任務,更曾於 1985 年 11 月初三日內遞解了 77 名非法入境者,並擒獲兩名「蛇頭」。[118] 至 1992 年,駐港陸軍把邊境巡邏任務交回香港警察。[119] 駐港陸軍在邊境搜捕非法入境者時,皇家海軍的華人水兵亦於香港水域兜截乘坐快艇的偷渡者。由於海軍的快速巡邏艇(Fast Patrol Craft)比水警與偷渡者使用的快艇均要更快,因此水警不時需要海軍協助。[120]

至 1990 年代,除了阻截非法入境者以外,駐港英軍亦要協助香港海關堵截中港之間的走私活動。皇家海軍不時要乘坐快艇堵截將香港貨物偷運到中國大陸的走私客。據水兵盧厥冠憶述,當時中國大陸剛開始改革開放,部份相對富裕的內地人對日本電視機、豪華房車等奢侈品的需求增加,因此有大量的走私客在香港購買(或偷取)這些物品,然後以快艇把它們運到內地,以逃避中國政府的關稅。[121]

聯合國維和部隊的香港士兵

戰後，香港華籍英兵唯一的大規模海外行動是 1991 至 1992 年隨喀喀運輸團（Gurkha Transport Regiment）前往塞浦路斯加入聯合國在該地的維和部隊（United Nations Peacekeeping Force in Cyprus, UNFICYP）。塞浦路斯自 19 世紀成為英國殖民地，在 1950 年代爆發反英遊擊戰，並最終於 1960 年獲得獨立，英國則於當地保有軍事基地。1974 年，塞浦路斯的希臘族群希望把塞島併入希臘，遂發動政變，事件導致土耳其派兵干涉，雙方劍拔弩張。由於英國不願再次於當地陷入遊擊戰，聯合國遂於同年介入，派出維和部隊在希、土人口控制地區之間的一段狹長地帶佈防，建立非武裝區。直至 1990 年代，情況仍大致相同。維和部隊由英國、加拿大、愛爾蘭、奧地利等國的部隊組成，由各國軍官輪流指揮。單是協調不同背景、語言、程序、訓練、裝備、通訊系統的各國部隊，本身已是一項重大挑戰。這支部隊更要在兩個敵對的族群之間維持和平，使居民得以繼續日常生活。

1991 年 6 月至 1992 年 1 月間，41 名香港軍事服務團的士兵志願跟隨喀喀運輸團前往塞浦路斯，部隊總共有 130 人。[122] 當時，聯合國在塞國的維和部隊由一名加拿大上校擔任總指揮，其副手為愛爾蘭人，屬下有兩名芬蘭和瑞典少校、兩名愛爾蘭士官，尚有一名英國行政人員。初時，其他維和部隊的士兵以為香港部隊是中國人民解放軍。其後，當地的聯合國電視頻道播出香港軍事服務團的片段，他們才知道這個部隊的存在。

香港士兵負責維和部隊的補給與聯絡車隊，包括駕駛，維修車輛，並為部隊高級軍官提供座駕與司機。據隨隊的江劍洪回憶，參與維和部隊的香港華人英軍均是志願參與。香港維和士兵在塞島半年，不但協助維持當地治安，同時亦與各國士兵培養出合作精神與

34 (UNFICYP) TRANSPORT SQUADRON
THE GURKHA TRANSPORT REGIMENT
JULY 1991 - JANUARY 1992

喳喀運輸團（Gurkha Transport Regiment）第 34 運輸中隊於
1991 至 1992 年在塞浦路斯執行維和任務時留影。圖中包括隊
伍中的英國、喳喀和華籍官兵（香港退伍軍人聯會提供）

聯合國塞浦路斯維和部隊中的華兵（江劍洪先生提供）

友誼。由於當地大致和平，各部隊得以輪流舉辦活動與比賽交流，香港部隊亦安排了醒獅表演，聯合國軍的同僚頗為欣賞。任務結束後，士兵都能趕及回家過中國新年。任務結束後，華兵均獲得聯合國勳章。[123]

小結

冷戰期間，香港位處共產主義與資本主義兩大陣營之間，駐港英軍雖然不能抵抗大規模的進攻，但其存在卻關係到香港社會的穩定發展，因此英軍雖然逐年減少駐軍，但亦增加了華籍英兵的人數。在此期間，華兵憑着自身的表現，加上當時英國軍隊日漸開放，地位日益提高。戰後存在的華洋隔離措施亦逐步廢除，更有華人於 1970 年代起成為英國陸軍的正規軍官。華兵來自本地人口，不但可以與市民容易溝通，而且熟悉香港各地，因此是駐港英軍的重要一員。除了協助香港政府在 1956 年與 1967 年等動亂中維持公共治安，華兵亦參與了諸如災難救援、處理船民、打擊偷渡、堵截走私，以及公共關係等工作，對維持香港社會穩定作出貢獻。

註釋

1　*Dragon Journal: Commemorative Issue*, p. 27.

2　*Dragon Journal: Commemorative Issue*, p. 36.

3　South China Morning Post, 9/6/1990；另有 2,000 名文職人員。Eastern Express, 7/2/1994。

4　部隊英文名稱雖為「連」（Company），而且部隊只屬連級，但中文名稱則為「訓練營」。

5　今鯉魚門渡假村。

6　Shamus Wade, "The Hong Kong Volunteer Company," p.11.

7 *Dragon Journal: Commemorative Issue*, p. 27.

8 *Hong Kong Army Service Corps* (Hong Kong: HKMSC, c.1970), p. 5.

9 鄭文英先生訪問，2013 年 10 月 5 日。明愛（倫敦）學院亦曾與鄭先生進行訪問，見「英國華人職業傳承史」口述歷史採訪摘要：鄭文英先生，2013 年 4 月 18 日。

10 方華先生訪問，2013 年 10 月 5 日。

11 London Gazette, No. 39854, 15/5/1953, p. 2.

12 London Gazette, No. 40109, 19/2/1954, p. 2.

13 "Navy Estimates," HC Deb 11/3/1965, Vol. 708, UK Hansard.

14 *South China Morning Post*, 9/6/1990; South China Morning Post, 9/8/1993.

15 Brian Haley, *From the Sublime to the Ridiculous* (USA: Trafford, 2011), unpaginated; Bob Orrick, *Indelible Memories: Canadian Sailors in Korea, 1950-55* (USA: Xilbris, 2010), pp. 127-128.

16 Geoff Puddefoot, *No Sea Too Rough: The Royal Fleet Auxiliary in the Falklands War: the Untold Story* (London: Chatham, 2007), p. 90.

17 *Hong Kong Standard*, 8/2/1991.

18 Phillip Bruce, *Second to None*, p. 289.

19 "Manpower Statement of the Auxiliary Defence Services Hong Kong: Male Membership by Races as at 31, March, 1959," HKRS 369/11/2.

20 馮英祺先生訪問，2013 年 9 月 6 日。

21 《天天日報》，1999 年 12 月 28 日。

22 曾松先生訪問，2013 年 10 月 5 日。

23 鄭文英先生訪問，2013 年 11 月 29 日。

24 「英國華人職業傳承史」口述歷史採訪摘要：方華先生，2013 年 4 月 18 日。方華先生訪問，2013 年 10 月 5 日。

25 馬冠華先生訪問，2013 年 10 月 25 日。

26 鍾利康先生訪問，2013 年 10 月 5 日。

27 梁永章先生訪問，2013 年 9 月 27 日。

28 區良熾先生訪問，2013 年 9 月 6 日。

29 江劍洪先生訪問，2013 年 9 月 3 日。

30 盧畋冠先生訪問，2013 年 9 月 27 日。

31 冼鼎光先生訪問，2013 年 9 月 27 日。

32 陳益中先生訪問，2011 年 12 月 12 日。

33 張志明先生訪問，2013 年 9 月 13 日。

34 甄德輝、梁永章、黃鑑泉先生訪問，2013 年 9 月 27 日。

35 林秉惠先生訪問，2013 年 8 月 30 日；馮英祺先生訪問，2013 年 9 月 6 日。

36 *Supplement to The London Gazette*, 10/6/1967, p. 6283.

37 「1989 年的 HKMC 的招募廣告」，Badges Story 網頁。

38 關志燊先生訪問，2013 年 10 月 14 日。

39 現稱西灣國殤紀念墳場。

40 「英國華人職業傳承史」口述歷史採訪摘要：林秉惠先生，2013 年 4 月 16 日。

41 *South China Morning Post*, 11/6/1985.

42 Ibid.

43 關志燊先生訪問，2013 年 10 月 14 日。

44 梁玉麟先生訪問，2013 年 10 月 25 日。

45 *Dragon Journal: Commemorative Issue*, p. 90.

46 *The Dragon: Journal of the Hong Kong Military Service Corps, 1970* (Hong Kong: HKMSC, 1971), unpaginated; *The Dragon: Journal of the Hong Kong Military Service Corps, 1971-1972* (Hong Kong: HKMSC, 1972), unpaginated.

47 *The Hong Kong Chinese Naval Division*, c. 1990.

48 1985 年，原有由掃雷艇改裝砲艇組成的香港中隊換裝為新型 800 噸砲艇，分別為孔雀（HMS Peacock）、千鳥（HMS Plover）、椋鳥（HMS Starling）、燕（HMS Swallow）以及雨燕（HMS Swift）號五艘，由香港政府承擔 75% 的建造費用，不少艦員是本地華水兵。五艦輪流在港巡邏，並不時前往海外參與演習。1988 年，英政府把燕及雨燕兩艘艦賣予愛爾蘭，其餘三艘艦則於 1997 年後售予菲律賓。詳見 Peter Melson, p. 125。

49 盧啖冠先生訪問，2013 年 9 月 27 日。

50 梁永章先生訪問，2013 年 9 月 27 日。

51 陳益中先生訪問，2011 年 12 月 12 日。

52 梁慶全先生訪問，2013 年 9 月 6 日。

53 「英國華人職業傳承史」口述歷史採訪摘要：李松先生，2013 年 4 月 14 日。

54 姚少南先生訪問，2014 年 2 月 8 日。

55 鍾利康先生訪問，2013 年 9 月 13 日。

56 "Recommendation for Honours and Awards," WO 373/174.

57 *Dragon Journal: Commemorative Issue*, p. 33.

58 Hew Strachan, *The British Army Manpower and Society into the Twenty-First Century* (London: Routledge, 1999), p. 84; Anthony Clayton, *British Officers: Leading the Army from 1660 to the Present* (London: Longman, 2006), p. 196.

59 *Dragon Journal: Commemorative Issue*, p. 33.

60 梁玉麟先生訪問，2013 年 10 月 25 日。

61 Michael Stephens, *The Educating of Armies* (New York: St. Martin's Press, 1989), p. 82.

62 馮英祺先生訪問，2013 年 9 月 6 日。

63 鄭文英先生訪問，2013 年 10 月 5 日。

64 「英國華人職業傳承史」口述歷史採訪摘要：鄭文英先生，2013 年 4 月 18 日。

65 *The Dragon: Journal of the Hong Kong Military Service Corps, 1971-1972* (Hong Kong: HKMSC, 1972), unpaginated.

66 江劍洪先生訪問，2013 年 9 月 3 日。

67 梁慶全先生訪問，2013 年 9 月 6 日。

68 *South China Morning Post*, 31/3/1986.

69 梁慶全先生訪問，2013 年 9 月 6 日；區良熾先生訪問，2013 年 9 月 6 日。

70 林秉惠先生訪問，2013 年 8 月 30 日。

71 區良熾先生訪問，2013 年 9 月 6 日。

72 《華僑日報》，1987 年 05 月 24 日。

73 *South China Morning Post*, 9/6/1990.

74 *South China Morning Post*, 17/2/1994; *Eastern Express*, 24/2/1994.

75 *South China Morning Post*, 26/7/1993.

76 *Hong Kong Cases in Human Resources Management* (Hong Kong: The Chinese University Press; The Management Development Centre of Hong Kong, 1998), pp. 41-43.

77 *Hong Kong Cases in Human Resources Management*, pp. 44-48.

78 江劍洪先生訪問，2013 年 9 月 3 日。

79 *Eastern Express*, 7/2/1994.

80 *South China Morning Post*, 9/8/1993.

81 湯生菲臘先生訪問，2013 年 8 月 30 日。

82 馮英祺先生訪問，2013 年 9 月 6 日。

83 湯生菲臘先生訪問，2013 年 8 月 30 日。

84 陳益中先生訪問，2011 年 12 月 12 日。

85 Bill Lake, "Memories of serving with members of the HKMSC," manuscript from Bill Lake, 2014.

86 「英國華人職業傳承史」口述歷史採訪摘要：方華先生，2013 年 4 月 18 日。方華先生訪問，2013 年 10 月 5 日。

87 湯生菲臘先生訪問，2013 年 8 月 30 日。

88 《工商日報》，1949 年 12 月 27 日。

89 方華先生訪問，2013 年 10 月 5 日。

90 《華僑日報》，1949 年 2 月 28 日；《工商日報》，1965 年 11 月 25 日。

91 《大公報》，1968 年 11 月 16 日；《大公報》，1973 年 9 月 16 日。

92 *Dragon Journal: Commemorative Issue*, p. 36.

93 *Hong Kong Standard*, 5/2/1985; *South China Morning Post*, 21/6/1986; *South China Morning Post*, 7/10/1986; *Hong Kong Standard*, 30/6/1989.

94 "Hong Kong Military Service Corps (Passports)," HC Deb 09/2/1993, Vol. 218, UK Hansard.

95 "Hong Kong Military Service Corps: British Citizenship Places," HL Deb, 26/7/1993, Vol. 548, UK Hansard.

96 Ibid.

97 林秉惠先生訪問，2013 年 8 月 30 日。

98 "Statement on the Defence Estimates, 1969: Memorandum by the Secretary of State for Defence," 27/1/1969, CAB 129/140, p. 24.

99 鄭文英先生訪問，2013 年 10 月 5 日。

100 同上註。

101 Lawrence Earl, *Yangtse Incident: the Story of H.M.S Amethyst* (London: Harrap, 1950)；邊震遐、王彥，《紫石英號事件之謎》（北京：軍事科學出版社，1999）。

102 鄭文英先生訪問，2013 年 11 月 29 日。

103 方華先生訪問，2013 年 10 月 5 日。

104 John Wingate, *In Trust for the Nation: HMS Belfast 1939-1972* (Berkshire: Profile Publications, 1972).

105 湯生菲臘先生訪問，2013 年 8 月 30 日。

106 Philip Bruce, *Second to None*, p. 300；陳益中先生訪問，2011 年 12 月 12 日。

107 陳益中先生訪問，2011 年 12 月 12 日。

108 同上註。

109 甄德輝、梁永章、黃鑑泉先生訪問，2013 年 9 月 27 日。

110 梁慶全先生訪問，2013 年 9 月 6 日。

111 *Dragon Journal: Commemorative Issue*, pp. 48-49.

112 江劍洪先生訪問，2013 年 9 月 3 日。

113 *Dragon Journal: Commemorative Issue*, p. 84.

114 *South China Morning Post*, 31/3/1986.

115 *Dragon Journal: Commemorative Issue*, p. 85.

116 余振華先生訪問，2013 年 9 月 6 日。

117 關志燊先生訪問，2013 年 10 月 14 日。

118 *South China Morning Post*, 14/11/1985.

119 *Hong Kong Standard*, 26/11/1991.

120 盧歘冠先生訪問，2013 年 11 月 29 日。

121 盧歘冠先生訪問，2013 年 9 月 27 日。

122 *South China Morning Post*, 2/6/1991.

123 Ibid.

　　粗略估計，自 1857 年英印陸軍開始徵募廣東及香港華人充任廣東苦力團人員以來，140 年以來英國海、陸、空三軍在香港共徵募了至少 15,000 名華人成為英軍和隨軍輔助人員。他們曾經服役的部隊，包括有皇家海軍、香港皇家後備海軍、廣東苦力團、皇家砲兵、皇家工兵、香港防衛軍（以及戰後的皇家香港義勇軍）、香港華人軍團、「殲敵」特種部隊、戰後的香港工兵連、香港華人陸軍訓練團、香港軍事服務團、皇家軍械團、皇家後勤團、皇家空軍、後備空軍，尚有數以千計的華籍商船隊海員以及一次大戰期間在中東和歐洲工作的軍事勞工。

　　這些華兵雖然在香港入伍，但他們不全是香港土生土長或祖籍廣東者，有不少是來自五湖四海的華僑或混血兒。香港華兵成份之龐雜與背景之不同，正好反映出 19 世紀以來華人在世界的流動及其多樣的經歷。華兵之中不但有本地、客家、蜑家等華南族群，亦有來自歐、亞、美洲的華僑及其後裔，更有華裔與各族裔的混血兒。他們由於不同的原因在香港成為同僚，在不同的時代和地域並肩作戰。

　　華洋士兵一百多年以來的相處，反映了不同時代華人的地位。19 世紀中期，英國海陸軍開始在華南地區活動，不得不依賴華人以協助後勤。英國軍人通過日常觀察，發現了華人的軍事潛力，並認為他們適合在白種人的領導下參與現代戰爭。英人在 19 世紀以至 1930 年代以前一直沒有大規模使用華人士兵防守香港，一方面是

因為沒有需要（香港在 1880 至 1930 年代之間均得到皇家海軍的保護），另一方面亦因為英國軍方與部份官員認為政治上不宜在香港大量徵募華人參軍。直至 1880 年代，為了節省防衛香港的開支，英國成立了香港水雷砲兵連，使華人成為正式的英軍士兵。雖然人數僅少，但他們的表現挑戰了當時對華人充滿歧視的主流論述。在第一次世界大戰期間，華兵雖然未有參與戰鬥，但不少華人勞工隊成員與海員卻在世界各地協助協約國軍隊的後勤，更有近千人因而犧牲。在兩次世界大戰期間，英國因第一次世界大戰而元氣大傷，而且面對來自德、日、意三國的威脅，遂不得不思考低成本的方法以加強香港等殖民地的防務。自 1936 年英軍擴編華工程兵，至 1941 年日軍入侵為止，單是華籍海陸軍士兵與後勤人員的數目即增加至大約 1,000 人。雖然英日甚至中國的歷史論述均少有提及日軍侵港期間這些分散在各部隊之中的華兵，但他們卻親身參與了新界與九龍、黃泥涌峽和赤柱等地的激烈戰鬥。守軍投降之時，絕大部份的英軍軍官命令華兵脫去軍服逃走，以免被日軍屠殺，其中可見華洋軍人之間經過數年相處和並肩作戰之後的情誼。部份士兵例如李玉彪甚至自願進入戰俘營，以協助英軍逃走。

香港淪陷後，有大量華兵離開香港前往大陸，部份回到故鄉暫避戰火，部份則向英軍服務團報到，後者則照顧這些士兵及其家人的生活。其中一百多個華兵選擇重回戰場，前往印度。雖然他們抵達印度後有近半年時間被人不聞不問，但卻巧遇曾在香港招募華工程兵的哥活准將，並跟隨他加入「殲敵」特種部隊，組成香港志願連前往緬甸的日軍後方作戰。雖然有關此戰的記載多集中討論中、英、美三軍各自的行動，少有提及這個「灰姑娘部隊」，但從日本方面的紀錄中卻可以看出這些在敵後活躍的英軍（包括香港志願連）如何打亂日軍在緬甸的全盤計劃，為盟軍在東南亞地區的作戰作出

貢獻。正當志願連在緬甸作戰期間，他們的家人在國民政府的控制地區過着艱苦的生活，所幸他們亦得到英軍方面的支援。戰後，這些士兵均獲得香港政府的優待，他們亦有助華人在英軍之中提高華人的地位，並獲得相應的尊重。

從華兵一百多年的經歷中，亦可以看到英國殖民者與香港華人的關係。英國統治香港伊始，雖不得不依賴華人協助，但他們始終處於從屬地位。例如，早期的水雷砲兵並非戰鬥人員，而是工程人員。可是，實際加入英軍服務的華人，他們卻得到相對優厚的薪酬待遇，雖然他們與其他族裔的英軍士兵一樣，其待遇仍比一般英兵稍遜。曾經與英、印、加等國士兵在第二次世界大戰一同抵抗日本的華兵，在戰後則得到英國當局的禮遇。正如本書前言指出，華籍英兵一方面是帝國士兵的一例，另一方面是英國統治香港一百多年以來的其中一個「華洋共處」的例子。不同時代的華兵參軍的動機、所受到的待遇與經歷以及與英兵的相處均有所不同，因此不能單純以「民族主義史觀」、「殖民地史觀」、或是對軍人的刻板印象把他們的歷史簡化。可是，他們對防衛香港有實質的貢獻，尤其是他們在第二次世界大戰期間的行動實不應被遺忘。

英國海、陸、空三軍軍階表

英國海、陸、空三軍有不同的軍階系統,不同軍階的名稱亦各有不同,在 19 至 20 世紀期間亦曾有少量變動(例如,空軍於 1918年成立)。各兵種軍階如下表,義勇軍(Territorial Army)如皇家香港義勇軍等亦使用類似的系統。

陸軍	海軍	空軍
Field Marshal 陸軍元帥	Admiral of the Fleet 海軍元帥	Marshal of the Royal Air Force 空軍元帥
General 陸軍上將	Admiral 海軍上將	Air Chief Marshal 空軍上將
Lieutenant-General 陸軍中將	Vice Admiral 海軍中將	Air Marshal 空軍中將
Major-General 陸軍少將	Rear-Admiral 海軍少將	Air Vice-Marshal 空軍少將
Brigadier 陸軍准將	Commodore 海軍准將	Air Commodore 空軍准將
Colonel 陸軍上校	Captain 海軍上校	Group Captain 空軍上校
Lieutenant-Colonel 陸軍中校	Commander 海軍中校	Wing Commander 空軍中校
Major 陸軍少校	Lieutenant-Commander 海軍少校	Squadron Leader 空軍少校
Captain 陸軍上尉	Lieutenant 海軍上尉	Flight Lieutenant 空軍上尉
Lieutenant 陸軍中尉	Sub-Lieutenant 海軍中尉	Flying Officer 空軍中尉

陸軍	海軍	空軍
Second Lieutenant 陸軍少尉		Pilot Officer 空軍少尉
Officer Cadet 見習軍官	Midshipman 海軍少尉	Acting Pilot Officer 見習空軍少尉
	Officer Cadet 見習軍官	Officer Cadet Student Officer 見習軍官
Warrant Officer I 一級准尉	Warrant Officer I 一級准尉	Master Aircrew Warrant Officer 一級准尉
Warrant Officer II 二級准尉	Warrant Officer II 二級准尉	
Staff Sergeant/Colour Sergeant 特級上士	Chief Petty Officer 海軍士官長	Flight Sergeant Flight Sergeant Aircrew 空軍士官長
Sergeant 上士	Petty Officer 海軍士官	Sergeant Sergeant Aircrew 空軍上士
Corporal/Bombardier 中士	Leading Rate 特級水兵	Corporal 空軍中士
Lance Corporal/Lance Bombardier 下士		Lance Corporal 空軍下士
Private/Sapper/Bombardier 兵士	Able Seaman I 一級水兵	Senior Aircraftman/Woman Techinician Senior Aircraftman/Woman 一級空軍兵
	Able Seaman II 二級水兵	Leading Aircraftman/Woman 二級空軍兵
Private/Sapper/Bombardier 兵士		Aircraftman/Woman 空軍兵
Recruit 學兵		

香港志願連士兵名單（1944 年 3 月）

共 125 人（部份士兵中文名字暫未發現）

警衛排

Sgt. Lopez-Lam Y. K.	Pte. Lo San 盧生
Sgt. Leung Kwan 梁群	Pte. Ng Hing Fat 吳興發
Cpl. Ng Chi Wan 伍子雲	Pte. Yeung Ka Nam 楊紀南
Cpl. Mak Yin Jing 麥延楨	Pte. Tsang Kwan Wing 曾均榮
Cpl. Wong Ah Sang 黃亞生	Pte. Wong Fat Choy 黃佛才
LCpl. Ho Yau 何佑	Pte. Jim Cho Lam 詹祖林
LCpl. Yau Yeung 丘養	Pte. Ho Lai Piu 何勵標
LCpl. Lo Yuk Pang 羅玉鵬	Pte. Leung Yee Hing 梁義興
LCpl. Young William	Pte. Wong Sing 黃勝
Pte. Lam Lee 林利	Pte. Wong Shing 黃勝
Pte. Ko Kin 高堅	Pte. Wong Sun 黃新
Pte. Lai Kwai Kwan 黎桂坤	Pte. Lo Shiu Hong 勞少康
Pte. Ho Wing 何榮	Pte. Lau Fook 劉福
Pte. Lam Chor Bun	Pte. Fu Ling 符靈
Pte. Au Yeung Fat 歐陽發	Pte. Tsang Hing Kwok 曾慶國
Pte. Chan Shu Tung 陳樹東	Pte. Cheng Leung 鄭良
Pte. Fok Ming 霍明	Pte. Kwan Yiu Wah 關耀華
Pte. Fung Cheung Lun 馮祥倫	Pte. Tong Siu Bun 唐少斌
Pte. Fan Yuk Lun 范玉麟	Pte. Wong Yun 黃潤
Pte. Kwok Kam Chuen 郭錦全	Pte. Lo Chun Kit 盧進傑
Pte. Chung Wai 鍾威	Pte. Lee Nim / Lim 李念
Pte. Lam Fat 林發	Pte. Lee Fat 李發
Pte. Luk Chi Keung 陸志強	

工兵排

Sgt. Rocha E. L.	Pte. Ho Ying 何英
Cpl. Poon Wah 潘華	Pte. Chan Siu Tong 陳少棠
Cpl. Rocha C. L.	Pte. Ho Sau Hoi 何壽海
LCpl. Laurel R.	Pte. Kung Peter
Pte. Rocha Eddie	Pte. Ip Kwong Lau 葉廣鎏
Pte. Rocha L. L.	Pte. Lew Ah Loy 廖亞來
Pte. Abbas G. D.	Pte. Ng Hon Lun 吳漢麟
Pte. DaSilva A. A.	Pte. So Tze Yiu 蘇子堯
Pte. Campbell C. E.	Pte. Yeung Man Sang 楊民生
Pte. Tsang George	

第 9 喱喀步槍團第 4 營

Sgt. Chak Chun Kwan 翟鎮堃	Pte. Tai Robert 戴立八
Cpl. Fox L. A.	Pte. Mak Kwok Hung 麥國雄
Cpl. Cheng Maximo 鄭治平	Pte. Wong Chung Pak

達克部隊

Sgt. Hicks W. G.	Pte. Chan Kai Shek 陳啟石
Cpl. Maxwell P. H.	Pte. Lee Sheung Chi 李尚志
Cpl. Hollands D. P.	Pte. Leung Wing Yiu
Pte. Lo Ping Luen 羅炳倫	Pte. Maxwelll George
Pte. Tipe Y.	Pte. Baleros R.
Pte. Wat Hok Chi 屈學志	

後方援兵及尚在醫院者

CSM. Thong Po Hing 湯寶興	Pte. Li Yiu Wing
CQMS Kew Thomas	Pte. Wong James
Sgt. Ho Wah 何華	Pte. Fung Eric
Cpl. Wang Russell	Pte. Chan Man 陳文
Cpl. Ozorio F. A.	Pte. Reeves J. W. F.
LCpl. Lew Kay Sang 廖其生	Pte. Brown George
LCpl. Yee Hing	Pte. Wong Nye Poh Johnny
LCpl. Lam Wye Kee 林惠祺	Pte. Choi Kow 蔡球

Pte. Yiu Siu Nam 姚少南	LCpl. Lee Kau
Pte. Yoon Choong Ming	Pte. Ho Fee 何飛
Pte. Tai James 戴芬	Pte. Osmund He
Pte. Yeung Kee	Pte. Xavier A. J.
Pte. Yeung Sui	LCpl. Rew R. J.
Pte. Liu Tam Choy	Pte. Wong Sau 黃壽
Pte. Lopez E. H.	Cpl. Man Cheung 文長
Pte. Lyen F. D.	LCpl. Tonnochy P. J.
Pte. Tse Wai 謝維	Pte. Souza A. A.
Pte. Ip Kwok Hung	Pte. Yip Chow 葉秋
Pte. Lam Tak Heung	Pte. Wong Sun Lee 黃新利
Pte. Tseung Cheung 鄭祥	Pte. Mok Tat Man 莫達民
Pte. Li Cheung	Pte. Tsang Sui Wah 曾瑞華
Pte. Yeung Yuk Man	Pte. MoSmith C.

檔案資料

a. 英國國家檔案局（National Archives, UK）

ADM 171: Admiralty, and Ministry of Defence, Navy Department: Medal Rolls.

CAB 7: Colonial Defence Committee, and Committee of Imperial Defence, Colonial Defence Committee later Oversea Defence Committee: Minutes, Reports and Correspondence.

CAB 11: Colonial Defence Committee, and Committee of Imperial Defence, Colonial Defence Committee later Oversea Defence Committee: Defence Schemes.

CAB 106: War Cabinet and Cabinet Office: Historical Section: Archivist and Librarian Files: (AL Series).

CO 820: Colonial Office: Military Original Correspondence.

WO 100: War Office: Campaign Medal and Award Rolls (General Series).

WO 106: War Office: Directorate of Military Operations and Military Intelligence, and Predecessors: Correspondence and Papers.

WO 172: War Office: British and Allied Land Forces, South East Asia: War Diaries, Second World War.

WO 208: War Office: Directorate of Military Operations and Intelligence, and Directorate of Miltitary Intellingence; Ministry of Defence, Defence Intelligence Staff.

WO 235: Judge Advocate General's Office: War Crimes Case Files, Second World War.

b. 英國國會檔案

UK Historical Hansard, 1803-2005.

Irish University Press Area Studies Series, British Parliamentary Papers: China. Vol. 28. Shannon: Irish University Press, 1971-1972.

c. 日本國立公文書館亞細亞歷史研究中心

「ビルマ方面部隊略歴」,〈部隊歴史〉,《防衛省防衛研究所陸軍一般史料》,国立公文書館アジア歴史資料センター,Ref：C12122447000。

d. 香港政府檔案處

"Prisoner of War Diary of Chief Signal Officer, China Command, Hong Kong, 1941-1945," 940 547252 PRI.

"Manpower Statement of the Auxiliary Defence Services Hong Kong: Male Membership by Races as at 31, March, 1959," HKRS 369/11/2.

Shamus Wade, "The Hong Kong Volunteer Company: Lasting Honour 1941, Lasting Dishonour, 1984?," 1984, PRO-REF-044.

e. UK Census Data

1861 Census

1881 Census

f. Elizabeth Collection, Hong Kong Heritage Project

"List of Chinese who reported to the British Army Aid Group from Hong Kong," EMR-1D-03, HKHP.

"Hong Kong Chinese Regiment," EMR-1D-05, HKHP.

"Royal Engineers," EMR-1D-07, HKHP.

"Royal Artillery," EMR-1D-08, HKHP.

"D.C.R.E.," EMR-1D-09, HKHP.

"Lt. Col. Ride to Military Attaché Chungking," 12/11/1942, HKHP.

口述紀錄及傳記資料

英國華人職業傳承史計劃網頁：http://www.britishchineseheritagecentre. org.uk/。

「英國華人職業傳承史」口述歷史採訪摘要：鄭文英先生,2013 年 4 月 18 日。

「英國華人職業傳承史」口述歷史採訪摘要：方華先生，2013 年 4 月 18 日。

「英國華人職業傳承史」口述歷史採訪摘要：李松先生，2013 年 4 月 14 日。

Raymond Mok Interview, 26/4/2001, Imperial War Museum, IWM 21134.

Maximo Cheng Interview, 26/4/2001, Imperial War Museum, IWM 21133.

陳益中先生訪問紀錄，2011 年 12 月 12 日。

林秉惠先生訪問紀錄，2013 年 8 月 30 日。

湯生菲臘先生訪問紀錄，2013 年 8 月 30 日。

李彪先生（Bill Lake）訪問紀錄，2013 年 8 月 30 日。

江劍洪先生訪問紀錄，2013 年 9 月 3 日。

邱偉基先生訪問紀錄，2013 年 9 月 3 日。

余振華先生訪問紀錄，2013 年 9 月 6 日。

區良熾先生訪問紀錄，2013 年 9 月 6 日。

梁慶全先生訪問紀錄，2013 年 9 月 6 日。

馮英祺先生訪問紀錄，2013 年 9 月 6 日。

張志明先生訪問紀錄，2013 年 9 月 13 日。

鍾利康先生訪問紀錄，2013 年 9 月 13 日、2013 年 10 月 5 日。

冼鼎光先生訪問紀錄，2013 年 9 月 27 日。

梁永章先生訪問紀錄，2013 年 9 月 27 日。

黃鑑泉先生訪問紀錄，2013 年 9 月 27 日。

甄德輝先生訪問紀錄，2013 年 9 月 27 日。

盧醆冠先生訪問紀錄，2013 年 9 月 27 日。

方華先生訪問紀錄，2013 年 10 月 5 日。

曾松先生訪問紀錄，2013 年 10 月 5 日。

鄭文英先生訪問紀錄，2013 年 10 月 5 日、2013 年 11 月 29 日。

關志燊先生訪問紀錄，2013 年 10 月 14 日。

馬冠華先生訪問紀錄，2013 年 10 月 25 日。

梁玉麟先生訪問紀錄，2013 年 10 月 25 日。

姚桂成先生訪問紀錄，2014 年 2 月 8 日。

Bill Lake, "Memories of serving with members of the HKMSC," manuscript from Bill Lake, 2014.

Paul Tsui Memoir, Chapter XIII.

Yu, Patrick Shuk-siu. *A Seventh Child and the Law*. Hong Kong : Hong Kong University Press, 1998.

報章及期刊

《華僑日報》

《工商日報》

《大公報》

《天天日報》

《光華》

Hong Kong Standard

South China Morning Post

The Hong Kong Telegraph

The Star

The Press

Journal of the Hong Kong Soldiers' Association

The Dragon: Journal of the Hong Kong Military Service Corps

Dragon Journal: Commemorative Issue

London Gazette

Hong Kong Government Sessional Papers

Navy and Army Illustrated

Hong Kong Army Service Corps

書籍及學術期刊

Abidi, Sartaj Alam, and Satinder Sharma. *Services Chiefs of India*. New Delhi: Northern Book Centre, 2007.

Banham, Tony. *Not the Slightest Chance: the Defence of Hong Kong, 1941*. Hong Kong: Hong Kong University Press, 2003.

_____. "Hong Kong Volunteer Defence Corps, Number 3 (Machine Gun) Company," in *Journal of the Royal Asiatic Society Hong Kong Branch*, Vol 45 (2005), pp. 118-143.

Bayly, Christopher, and Tim Harper. *Forgotten Armies: The Fall of British Asia, 1941-1945*. Cambridge, Mass.: Belknap Press of Harvard University Press, 2005.

Bell, Mark. *China: Being a Military Report on the Northeastern Portions of the Provinces of Chih-Li and Shan-tung; Nanking and its Approaches; Canton and Its Approaches; Together with an Account of the Chinese Civil, Naval, and Military Administrations and A Narrative of the Wars between Great Britain and China*. Calcutta: Office of the Superintendent of Government Printing, India, 1884.

Bellamy, Chris. *The Gurkhas: Special Force*. London: John Murray, 2011.

Bougler, Demetrius Charles. *China*. New York: Peter Fenelon Collier & Son, 1900.

Brown, William Baker. *History of submarine mining in the British Army*. Chatham: Royal Engineers Institute, 1910.

_____. "Submarine Mines." in *Encyclopædia Britannica*, 11th ed. vol. 26. ed. Hugh Chisholm. New York: Encyclopædia Britannica, Inc., 1911.

_____. "Eastern Battalion, RE," in *Royal Engineers Journal*, Vol. 56 (1942).

_____. *History of the Corps of Royal Engineers*, Vol. 4. Chatham: The Institution of Royal Engineers, 1952.

Bruce, Phillip. *Second to None: The Story of the Hong Kong Volunteers*. Hong Kong: Oxford University Press, 2001.

Calvert, Michael. *Prisoners of Hope*. London: Cooper, 1971.

_____. *Fighting Mad*. London: The Adventurers Club, 1964.

Carroll, John. *Edge of Empire: Chinese Elites and British Colonials in Hong Kong*. Hong Kong: Hong Kong University Press, 2007.

Chan, Sui-jeung. "The British Army Aid Group," 載《香港抗戰：東江縱隊港九獨立大隊

論文集》，陳敬堂、邱小金、陳家亮編，頁 124-132，香港：香港歷史博物館，2004。

_____, *East River Column: Hong Kong Guerrillas in the Second World War*. Hong Kong: Hong Kong University Press, 2012.

Chant, Christopher. *Gurkha: the Illustrated History of an Elite Fighting Force*. Poole: Blandford, 1985.

Clayton, Anthony. *British Officers: Leading the Army from 1660 to the Present*. London: Longman, 2006.

Cree, Edward. *Naval Surgeon: the Voyages of Dr. Edward H. Cree, Royal Navy, as Related in His Private Journals, 1837-1856*. New York: E.P. Dutton, 1982.

Dikötter, Frank and Sautman, Barry (eds). *The Construction of racial identities in China and Japan*. Hong Kong : Hong Kong University Press, 1997.

Duara, Prasenjit. *Rescuing History from the Nation: Questioning Narratives of Modern China*. Chicago: the University of Chicago Press, 1995.

Elleman, Bruce. *Modern Chinese Warfare*. London: Routlledge, 2001.

Great Britain War Office. *Royal Warrant for the Pay, Appointment, Promotion, and Non-effective Pay of the Army, 1899*. London: HM Stationary Office, 1899.

Gosano, Eddie. *Hong Kong Farewell*. Hong Kong: Greg England, 1997.

Hack, Karl and Rettig, Tobias (eds.), *Colonial Armies in Southeast Asia*. London: Routledge, 2006.

Haley, Brian. *From the Sublime to the Ridiculous*. Bloomington, IN.: Trafford, 2011.

Harfield, Alan. *British and Indian Armies on the China Coast, 1785-1965*. London: A and J Partnership, 1990.

Heath, Ian and Perry, Michael. *The Taiping Rebellion, 1851-1866*. London: Osprey, 1994.

Hevia, James. *English Lessons: The Pedagogy of Imperialism in Nineteenth-Century China*. Durham: Duke Universtiy Press, 2003.

Hobsbawm, Eric. *The Age of Empire, 1875-1914*. London: Abacus, 1997.

_____, and Ranger, Terence. (eds). *The Invention of Tradition*. Cambridge: Cambridge University Press, 1983.

Hong Kong Volunteer and Ex-Pow Association of NSW, "Occasional Paper Number 9: the Hong Kong Volunteer Company," Apr. 2012.

Imperial War Graves Commission. *The Register of the Hong Kong Memorial: Commemorating the Chinese of the Merchant Navy and Others in British Service who died in the Great War and Whose Graves Are Not Known.* London: Imperial War Graves Commission, 1931.

Jowett, Phillip S. (ed.), *Rays of the Rising Sun, Armed Forces of Japan's Asian Allies 1931-45.* West Midlands: Helion, 2004.

Keegan, John. *The Face of Battle: A Study of Agincourt, Waterloo and the Somme.* London: Pimlico, 2004.

Killingray, David. *Fighting for Britain: African Soldier in the Second World War.* Woodbridge: James Currey, 2012.

Kua, Paul. *Scouting in Hong Kong, 1910-2010.* Hong Kong : Scout Association of Hong Kong, 2011.

Kwong, Chi Man. "Reconstructing the Early History of the Gin Drinker's Line from Archival Sources." in *Surveying and Built Environment* 22, No. 1 (2012).

Lai, Lawrence Ken Ching, and Tim Ko, Y. K. Tan, " 'Pillbox 3 Did Not Open Fire!' Mapping the Arcs of Fire of Pillboxes at Jardine's Lookout and Wong Nai Chung Gap." in *Surveying & Build Environment* 21, No. 2 (2011), pp. 109-131.

Leung, Ki Che Angela and Furth, Charlotte (ed.), *Health and Hygiene in Chinese East Asia: Policies and Publics in the Long Twentieth Century.* Durham, N.C.: Duke University Press, 2010.

Lynn, John. *Battle: A History of Combat and Culture.* Boulder, Colo.: Westview Press, 2003.

MacDonogh, G. M. W. "R.E. Chinese Jubilee Celebrations," in *The Royal Engineers Journal* 56 (1942).

Marshall, Samuel. *Men against Fire: The Problem of Battle Command.* Norman: University of Oklahoma Press, 2000.

Mason, Philip. *A Matter of Honour: An Account of the Indian Army its Officers and Men.* London: Penguin, 1974.

Munn, Christopher. *Anglo-China: Chinese People and British Rule in Hong Kong, 1841-1880.* Hong Kong : Hong Kong University Press, 2009.

Omissi, David and Killingray, David (ed.), *Guardians of Empire: the Armed Forces of the Colonial Powers c. 1700-1964.* Manchester: Manchester University Press, 1999.

Orrick, Bob. *Indelible Memories: Canadian Sailors in Korea, 1950-55.* Bloomington, IN.: Xlibris, 2010.

Owen, Frank. *The Chindits.* Calcutta: The Statesman Press, 1945.

Paice, Edward. *Tip & Run: The Untold Tragedy of the Great War in Africa.* London: Weidenfeld & Nicolson, 2007.

Parker, John. *The Gurkhas: the Inside Story of the World's Most Feared Soldiers.* London: Headline, 1999.

Puddefoot, Geoff. *No Sea Too Rough: The Royal Fleet Auxiliary in the Falklands War: the Untold Story.* London: Chatham, 2007.

Renfrew, Barry. *Forgotten Regiments: Regular and Volunteer Units of the British Far East: with a History of South Pacific Formations.* Amersham, Bucks, UK: Terrier Press, 2009.

Rennie, David Field. *British Arms in North China and Japan: Peking 1860; Kagoshima 1862.* London: John Murray, 1864.

Ride, Edwin. *BAAG: Hong Kong Resistance, 1942-1945.* Hong Kong: Oxford University Press, 1981.

Schwabe, Salis. "Carrier Corps and Coolies on Active Service in China, India, and Africa, 1860-1879," in *Royal United Services Institution Journal* 24, No. 108 (1881).

Schwankert, Steven. *Poseidon: China's Secret Salvage of Britain's lost Submarine.* Hong Kong : Hong Kong University Press, 2014.

Strachan, Hew. *The British Army Manpower and Society into the Twenty-First Century.* London: Routledge, 1999.

The Management Development Centre of Hong Kong, (ed.), *Hong Kong Cases in Human Resources Management.* Hong Kong : The Chinese University Press, 1998.

Wilson, Andrew. *The "Ever-Victorious Army": A History of the Chinese Campaign under Lt. Col. C. G. Gordon, C.B. R.E and of the Suppression of the Tai-ping Rebellion.* London: William Blackwood and Sons, 1868.

Yong, Tai Tai. *The Garrison State.* London: SAGE Publications, 2005.

Yow, Valerie. *Recording Oral History: A Guide for the Humanities and Social Sciences.* Walnut Creek, CA: AltaMira Press, 2005.

王爾敏，《淮軍志》，台北：中國學術著作獎助委員會，1967。

何家騏、朱耀光，《香港警察：歷史見證與執法生涯》，香港：三聯書店，2011。

沈松僑，〈我以我血薦軒轅 —— 黃帝神話與晚清的國族建構〉，載《台灣社會研究

季刊》28 期（1997 年 12 月），頁 1-77。

周婉窈，《海行兮的年代——日本殖民地統治的末期台灣史論集》，台北：允晨文化，2002。

林滿紅，《銀線：十九世紀的世界與中國》，南京：江蘇人民出版社，2011。

香港里斯本丸協會編，《戰地軍魂：香港英軍服務團絕密戰記》，香港：畫素社，2009。

徐承恩，《城邦舊事：十二本書看香港本土史》，香港：青森文化，2014。

張書華，《獅之魂：美國內戰中的中國戰士》，北京：清華大學出版社，2013。

陳瑞璋，《東江縱隊：抗戰前後的香港遊擊隊》，香港：香港大學出版社，2012。

葛兆光，《宅茲中國：重建有關「中國」的歷史論述》，北京：中華書局，2011。

蔡榮芳，《香港人之香港史，1841-1945》，香港：牛津大學出版社，2001。

蕭國健，《香港歷史與社會》，香港：香港教育圖書，1994。

鄺智文、蔡耀倫，《孤獨前哨：太平洋戰爭中的香港戰役》，香港：天地圖書公司，2013。

其他

"Victory Parade," Colonial Film, BFI 21304.

http://www.colonialfilm.org.uk/node/1579

Badges Story

https://www.facebook.com/BadgesStory

Gwulo: Old Hong Kong

http://gwulo.com/

Royal Navy and Naval History.Net

http://www.naval-history.net/